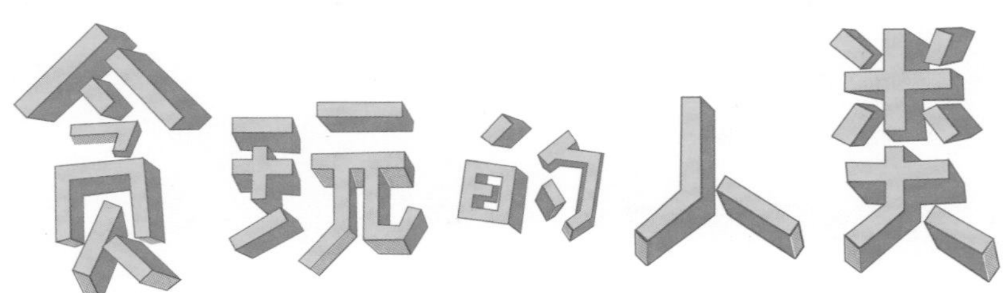

贪玩的人类

——写给孩子的科学史

HISTORY OF SCIENCE FOR CHILDREN

②

玩 出 来 的 进 化 论

老 多/著 郭 警/绘

CNS PUBLISHING & MEDIA 中南出版传媒
湖南少年儿童出版社
HUNAN JUVENILE & CHILDREN'S PUBLISHING HOUSE

图书在版编目（CIP）数据

贪玩的人类：写给孩子的科学史．2，玩出来的进化论 / 老多著；郭警绘．— 长沙：湖南少年儿童出版社，2022.2

ISBN 978-7-5562-5865-9

Ⅰ．①贪… Ⅱ．①老… ②郭… Ⅲ．①自然科学史—世界—青少年读物 Ⅳ．①N091-49

中国版本图书馆 CIP 数据核字（2021）第 055790 号

CNS 贪玩的人类——写给孩子的科学史

TANWAN DE RENLEI —— XIEGEI HAIZI DE KEXUE SHI

②玩出来的进化论

② WAN CHULAI DE JINHUA LUN

总 策 划：周 霞　　策划编辑：刘艳彬

责任编辑：刘艳彬　　营销编辑：罗钢军

装帧设计：任凌云 仙境设计　　内文排版：传城文化

质量总监：阳 梅

出 版 人：刘星保

出版发行：湖南少年儿童出版社

地　　址：湖南省长沙市晚报大道 89 号（邮编：410016）

电　　话：0731-82196340 82196341（销售部） 82196313（总编室）

传　　真：0731-82199308（销售部） 82196330（综合管理部）

常年法律顾问：湖南崇民律师事务所　柳成柱律师

印　　刷：当纳利（广东）印务有限公司

开　　本：710 mm × 980 mm　1/16

印　　张：9.5

版　　次：2022 年 2 月第 1 版

印　　次：2023 年 1 月第 3 次印刷

书　　号：ISBN　978-7-5562-5865-9

定　　价：39.80 元

目录

第一章　发现东方的强盗

做了好事的人、帮助过我们的人或者恩人，都是值得称赞并且要感谢的。有那么几个人，他们也做出了非常值得大家感谢的事情，可他们是名副其实的强盗！

哥白尼的日心说颠覆了1400年来大伙对宇宙的认识和理解。哥白尼从古希腊出发，把自己老师的学说踢了个底朝天，正如培根倡导的，不是过分崇拜权威，而是用批判的思维去看待权威，把权威的结论抛到九霄云外。但哥白尼仍然要感谢古希腊那些玩家，因为是他们通过自己的观察和富于理性思维的判断写出来的“破”书，让哥白尼对宇宙产生了强烈的兴趣。虽然他通过自己的观察发现前辈的结论错了，但他知道前辈判断事物的逻辑方法没有错。哥白尼正是沿着“老朽”们指出的道路在继续前进。在这个对权威和传统的继承与扬弃的过程里，哥白尼用他更加深邃的思考和逻辑以及严密的计算，找到了比前辈更符合客观规律的判断，找到了真理。

有一位学者这样评价到：“人类自哥白尼恢复了对智力的信心，而不仅仅是眼睛。”日心说的出现使教会很气愤，却没有办法，因为这时已经不是几百年前大家都不敢言、不敢玩的时代了，从13世纪开始玩家就开始不断涌现，谁也阻止不了他们，有些事情居然还得到了国王的支持。这是为什么呢?

十字军东征以及从东边杀过来的彪悍的蒙古骑兵，让大家突然发现，原来这个世界还很大。就像房龙说的：“是战争而非和平拓展了我们对亚洲地图的知识。”好奇的欧洲人对东边那片广阔得多的世界感到非常的好奇，那里到底是啥样子呢?

在这以前，东方的许多商品也已经由阿拉伯的买买提们带到了欧洲，那些穿着羊皮袄的欧洲人穿上了来自中国的丝绸衬衫，比起羊皮袄那叫一个漂亮！那叫一个舒服！可通向亚洲的商路那时候被阿拉伯人独占着，基本没欧洲人什么事儿。黄头发、蓝眼睛的欧洲人对亚洲一无所知，他们对那个神秘的东方帝国充满了幻想。

第一个描写东方那个神奇国度——中国的书是著名的《马可·波罗游记》，这是马可·波罗（Marco Polo，公元 1254 年 — 公元 1324 年）在中国的见闻录。马可·波罗是 13 世纪至 14 世纪意大利威尼斯的一个著名旅行家。据说在 1271 年他曾经随着父亲和叔叔游历过东方的很多地方，包括那时的波斯湾地区、伊朗和伊拉克等。接着他们翻越帕米尔高原，穿过塔克拉玛干大沙漠，来到敦煌，又经河西走廊进入当时元朝的大都。他们在中国留居了 17 年，期间走遍了中国各地，在他们离开故乡 24 年以后的 1295 年回到威尼斯。马可·波罗一家子用现在的话说就是一帮超级驴友，他们玩得太地道了：漂过地中海，再闯波斯湾，翻越帕米尔高原，穿过塔克拉玛干大沙漠，过敦煌，走河西走廊，最后大摇大摆地走进大都！现在有几个驴友能玩出他们的水平？

不过马可·波罗刚回到家乡给大伙儿讲中国故事的时候，并没有引起人们的兴趣。房龙说："他的邻居们，对这个故事毫不感兴趣，并给他取了个绰号叫'马克百万'，因为他总是告诉他们可汗如何富有；庙宇中有多少金碧辉煌的雕像，以及某位宰相的小妾有多少丝质睡袍。而当时，甚至君士坦丁堡皇帝的妻子仅仅拥有一双丝袜都无人不知，邻居们如何会相信这些天方夜谭呢？"

《马可·波罗游记》的诞生也很传奇。据说是马可·波罗后来在参加威尼斯一次海战中被热那亚人俘虏，关在热那亚的监狱里时，百无聊赖，把去中国的故事讲给同伴听。这些故事就是被一个狱友记录下来并写成的。马可·波罗在监狱里被关了一年，他的狱友里有一个来自比萨的市民，其名字叫鲁斯蒂卡罗。这位鲁斯蒂卡罗是个业余作家，他很快意识到马可·波罗故事的价值。于是他在牢房里掏尽了马可·波罗，记下了告知他的一切，然后送给了全世界一本书。

不过估计马可·波罗比较能忽悠，太会编故事，把自己的

见闻添油加醋，所以直到现在还有很多人不相信马可·波罗真的来过中国。他的故事很可能是他在伊朗或者伊拉克听到过的关于中国的事情，因为那些地方他倒是有可能真的去过。为啥有人非说他是编故事，而不是真的到过中国呢？那是因为《马可·波罗

游记》里有些事情不是查无实据就是不靠谱。比如，他说自己被元朝皇帝忽必烈遣为特使，在扬州做官三年。可这些事情在元朝的记载中从来没人提过。还有他从来没有提过一句用筷子的事情，总之疑点不少。

不过无论如何他的书里还是说了很多当时中国的真实情况，比如大运河、纸币、煤炭、白酒还有蒙古军队、老虎啥的。日本也是他第一个提到过的东方国家。有人说冰激凌、比萨饼、意大利面还有眼镜、口琴也都是他从中国带回去的。那就真的是胡扯了，因为后来资料和考古证明这些在他之前欧洲就已经有了。

马可·波罗的故事出了名，大家纷纷传抄《马可·波罗游记》，不久他的故事就传遍了当时的欧洲。不管是不是他编的故事，《马可·波罗游记》当时确实让欧洲人眼珠子一亮，那些长着各种颜色眼珠子的欧洲人终于明白了，原来在东方还有一个如此强盛的大国——中国！

100 多年以后，在曾经关过马可·波罗的热那亚，又一个玩家出生了，这个人就是日后发现美洲大陆的那个著名探险家、贪婪的寻宝者、海盗、小混混克里斯托弗·哥伦布（Christopher Columbus，公元 1451 年 — 公元 1506 年）。

哥伦布出生在1451年，他爸爸是当地一个很有名的纺织匠，但哥伦布对纺织一点兴趣都没有，这个没受过多少正规教育的小混混就喜欢玩水。面对着浩渺的地中海，他对航行在大海上的各种船只简直羡慕极了，一心想当个水手。再加上他读了《马可·波罗游记》，那上面说的确实非常忽悠人，书上说中国是一个极为富有的国度，连死人的嘴里都含着一颗大珍珠，简直就是人间天堂。另外，距离中国不太远还有个叫日本的地方，那是一个黄金之国，遍地是黄金，取之不尽。有用黄金盖的宫殿，里面的路都是用砖头那么厚的黄金铺的。哥伦布被忽悠得已经彻底晕了，他对那个到处是金银珠宝的东方充满了幻想。怀揣着梦想，哥伦布开始闯世界，他参加了一个海盗船队，到处抢劫。有一次他们的海盗船被人家打得着了火，这小子跳下水，抱着一根木头居然漂到了葡萄牙，那年他25岁。

那时候的葡萄牙是一个真正的海洋霸主，这个濒临大西洋、地处欧洲大陆西南角伊比利亚半岛最西端的国家，有800多千米的海岸线。自古以来喜欢玩水、玩航海的人肯定出了不少，所以葡萄牙人具有很丰富的航海知识。15世纪葡萄牙的航海家沿非洲西岸向南航行，到达了非洲最南端的好望角。哥伦布在葡萄牙学

到了许多宝贵的航海和地理知识。

哥伦布不但很勇敢，还非常贪婪，而且喜欢玩的人总是想象力丰富，哥伦布也不例外。他每天夜里都在做着贪婪的美梦，他想象着自己来到了那片神奇的土地上，兜里装满了金子……太诱人了，要是真的能去那儿该有多好啊！可是那时候从陆路去亚洲的路线都被阿拉伯的穆斯林占着，过不去。有没有一条新的路能到达亚洲呢？

哥伦布的时代人们对地球到底是个啥样子还不清楚，不过那时候已经有很多人开始相信地球是个球体了，这种说法称为地圆说。但是地圆说毕竟还是猜想，没有得到证实。有一位叫托斯堪内里的意大利医生，根据当时对世界的了解画了一张世界地图，地图上包括欧洲、亚洲、非洲，还有地中海和大西洋，托斯堪内里按照地圆说的说法把这些都画在一个球上。不过他把地球的尺寸看得太小了，他认为从欧洲跨越大西洋到亚洲，只要3000英里。

哥伦布对地圆说也深信不疑，他曾经是个海盗，经常在海上漂荡。站在岸边看，驶出港口的船只，帆船桅杆都是慢慢地隐没在海平面上，而驶进港口的帆船则是桅杆先露出来。这个现象哥伦布很清楚——这不是正好说明地球是圆的吗？

那时候葡萄牙人认为绕过非洲就可以到达亚洲，只是还没有实现这个愿望罢了。正好哥伦布见到了托斯堪内里，并且看见了他画的地图，发现横穿大西洋只要3000英里就可以到达亚洲，比绕非洲要近多了，心想这肯定是最短的路线，为此哥伦布兴奋不已。

黄金梦和托斯堪内里的地图每天都在哥伦布的脑子里转悠，一个不算深思熟虑也算是精心策划的探险计划慢慢在哥伦布的脑子里形成，他要驾驶帆船向西航行，最后到达亚洲，到达中国、日本还有印度，横跨大西洋去寻找他梦寐以求的黄金！

说干就干，这么远的路，靠哥伦布自己肯定是不行的。于是哥伦布怀揣着自己伟大的探险计划开始到处游说，想找人资助他。为这事，他几乎跑遍了欧洲各个国家，据说他向葡萄牙、西班牙、法国和英国的国王或女皇都提出过要求，可人家根本不搭理他这个小混混。因为那时候除了这些玩家以外，还没多少人真的相信地球是圆的。有一个人更绝，他问哥伦布："如果地球是圆的，你往西航行开始是下坡，走了一段以后就要上坡，你的船行吗？"哥伦布给问住了。不过这个他自己当时也回答不了的问题，并没有改变哥伦布要实现自己计划的决心。估计后来哥伦布也琢磨过味儿了：按那个白痴说的，进港的帆船不就是在爬坡吗？他们能爬我为啥不行？哥伦布对自己的想法越来越充满信心，他继续到处游说。

俗话说，时势造英雄，哥伦布运气不错，他赶上了一个恰当的时代——欧洲人正在扩张的时代。

现在被拉着满世界跑的商品是石油或者电子产品。那时候不是，那时候香料是一种在欧洲最受欢迎的商品，可能是因为欧洲人喜欢喷香水，吃饭爱放点胡椒面啥的作料，所以香料的需求极大。可是香料一般产在比较热的地方，欧洲成天冷飕飕的不出这些玩意，他们必须从亚洲或者非洲进口。非洲让葡萄牙人占着，亚洲被阿拉伯人占着。西班牙人觉得这样不行，他们也想拿胡椒面赚点银子花，于是就琢磨起去亚洲的事情。开始他们不相信哥伦布，可后来一想，哥伦布既然说他能横穿大西洋去亚洲，不如让这小子去试试，闹不好真的让他蒙对了，不也是件好事吗？尤其是西班牙皇后伊丽贝拉，她更是相信哥伦布能给她带回香水和黄金。就这样，哥伦布终于开始了自己的圆梦之旅。

1492 年，由三条帆船组成的舰队，在旗舰圣玛丽亚号的带领下驶出了西班牙一个小小的港口。哥伦布被授予“海军上将”军衔，并被预封为“新发现土地”的世袭总督，有权享有新土地总收入的 1/10。8 月 3 号，人类发现新大陆的处女航起航了，这完全可以说是哥伦布一手玩出来的。

这趟探险之旅可没当初想象的那么简单，大西洋没有那么小，不只是 3000 英里，起码也要远上一倍。就在船员们马上就要断水断粮、几乎彻底失去希望的时候，一个站在桅杆顶上瞭望的水手大喊：“嘿！弟兄们，前面出现陆地了！”

出发以后两个多月的10月12日，这次著名的探险之旅终于有了结果，舰队发现了一个小岛。哥伦布欣喜若狂，他认为自己真的到达了亚洲，并且命名这个岛屿是“圣萨尔瓦多”，西班牙语的意思是“救世主”。他认为这个岛属于印度，并且把那里的居民叫做“印第安人”。哥伦布到死也不知道，他发现的小岛根本不是亚洲，而是那时候从未发现过的新大陆——美洲，这里距离亚洲还有两万多千米。

西进的愿望实现了，可是寻找黄金的梦一直没有实现，在那以后哥伦布一共进行了4次探险，每次都是无功而返，最后哥伦布在郁闷和贫困中死去。

如果哥伦布只是一个探险家，或者说是一个玩家，他可能会得到人们更多的尊重。可是他太贪婪了，他探险的目的是要实现自己的黄金之梦，所以除了为后代留下发现美洲的功绩（这事儿他自己并不知道）以外，哥伦布再也没有做过什么值得人类骄傲的事情了。

几乎在同一时间，葡萄牙人也在极力地寻找着通往东方的路线，他们认为绕过非洲的路线是最正确的。1497年，葡萄牙玩航海的一个家伙达·伽马奉国王之命，从里斯本出发，开始了环绕

大西洋

圣萨尔瓦多岛

非洲的旅行。这次他成功地绕过好望角，来到了非洲东海岸的印度洋。这里距离印度已经不远了。

达·伽马和哥伦布有很多相同的地方，他也是个贪婪的人，在非洲东岸，达·伽马的船队为了夺取航线，采取了烧杀抢掠的政策，把本来在那里自由自在航行的阿拉伯人全部杀死，货物全部抢走。这个人虽然是发现欧洲到印度航线的第一人，但由于他的贪婪和残暴，也没有得到什么好的下场，他在被任命为葡属印度总督以后没几个月就染病死在了印度。

和哥白尼发现地球在动而引发了科学革命不同，哥伦布和达·伽马发现新大陆和新航线引发的是人类历史上不那么光彩的一段——殖民主义。从他们开始，欧洲列强瓜分世界的时代来到了。紧跟着葡萄牙和西班牙开始的地理大发现，让荷兰人、英国人、法国人也加入了瓜分世界的行列，他们在全世界建立殖民地，进行罪恶的黑奴贩运，抢掠各个殖民地的资源，等等。那时候欧洲贵族们吃的面包，可能是来自非洲的黑奴在厨房里用埃及的小麦、澳洲的奶油和古巴的糖做成的。欧洲的贵族在享用着全世界的好东西。

在这些欧洲海盗横行世界以前大约几十年，另外一个航海者

却在执行着另外的使命。虽然他没有发现什么新大陆，也没有开辟什么新的航线，但他的船队航行的总里程不比哥伦布少。这个人就是郑和（公元 1371 年—公元 1433 年），他是中国人的骄傲。现在有学者甚至认为，第一个登上美洲大陆的人也许并非哥伦布，而是郑和。

为啥会这样说呢？郑和的舰队虽然比哥伦布早了几十年，可他的船比哥伦布的猛多了，郑和的宝船比哥伦布的旗舰圣玛丽亚号大了好几十倍，圣玛丽亚号估计比郑和舰队里最小的船还小。而且郑和的舰队有 200 多艘不同船型的海船，哥伦布才 3 条三桅帆船。郑和的舰队有 2 万多正规军，哥伦布才 100 多杂牌军。从 1405 年 7 月 11 日郑和率领庞大的舰队第一次离开南京到 1433 年，郑和一共 7 次远航。如此规模的舰队如果调转船头向东航行，跨越太平洋到达美洲是完全可以的。所以英国学者李约瑟这样评价："同时代的任何欧洲国家，以致所有欧洲国家联合起来，都无法与明代海军匹敌。"和欧洲海军还有个不一样的地方，那就是欧洲海军是一帮子强盗，而明朝海军没有侵略别国的企图，郑和的使命似乎是为明朝皇帝寻找长生不老药。

不过就像中国人经常挂在嘴边上说的那样，这事儿还得两说

着。郑和 7 次下西洋以后，告老还乡，临终前给当时的皇帝，明成祖的儿子仁宗写了一封信。信上说，中国的富强来自海上，中国的威胁也会来自海上。遗憾的是，他的话皇帝老子听不进去。几百年以后，郑和的预言应验了，中国没有从海上得到多少好处，而外国列强却真的从海上打进了中国。

欧洲人发现新大陆，紧接着虽然是罪恶的殖民时代的到来，但是新大陆的发现为了解我们脚下的世界提供了更加丰富的知识。在哥伦布第一次远航的 11 年以后，另一个探险家斐迪南・麦哲伦（Ferdinand Magellan，公元 1480 年 — 公元 1521 年）率领的舰队成功地进行了环绕地球的旅行，地球是一个大球体终于被事实证明，而探险家们这些发现为后来更多玩家的发现之旅打下了坚实的基础。

第二章　意大利的大玩家

这套书基本上都在说玩科学的人，唯独这一章说的不是，而是一些玩艺术的。为啥掺和这些人呢？因为他们是文艺复兴的领头人，是创新者，是他们的思想让后来的玩家发现只有创新才可以玩得更有意思，更有趣。

十字军杀进耶路撒冷，一不小心从阿拉伯弄回来一堆古希腊的“破”书。另外，像陕西发现兵马俑那样，一个罗马农民刨地的时候，一不小心从石头堆里刨出一堆精美绝伦的大理石雕像。这些都让当时的西欧人惊讶地看到，原来咱们这地界儿还曾经有

过如此美妙的过去和如此辉煌的历史！我们咋都不知道呢？

打个不恰当的比方，基督教就像宿舍门口严厉的“楼管”，在几百年的时间里把那些可怜的孩子看得严严的。如今窗外不断传来清新而又美妙的歌声，孩子们再也抑制不住心头的激动，不能再忍耐！赶快玩去吧！

一个新的时代就这样到来了，很多人习惯上把这个时代叫做文艺复兴。不过恩格斯却这样说道：“这个时代，我们德国人由于当时我们所遭遇的民族不幸而称之为宗教改革。法国人称之为文艺复兴，而意大利人则称之为五百年代，但这些名称没有一个能把这个时代充分地表达出来……”

这个时代的来临并没有上面说的那么轻松，原因是很复杂的。很多人还把这个时代称为一场革命运动。不过这场革命运动不属于奴隶起义那样的革命运动，这场革命产生在有钱人、贵族、学者、艺术家甚至宗教的僧侣中。

整个中世纪几乎都是基督教的天下，什么都得听罗马教皇的，世俗的皇帝或者国王都拿他没办法，有苦难言。教皇有钱，有军队，有警察，有法官，可以收租子，在欧洲各地都派有大主教，罗马教皇成了最大的君主。吴国盛教授在他的《科学的历程》里这样

说道："基督教会本来只是一般的宗教集会，后来才演化为一个权势显赫的组织。在整个漫长的中世纪，罗马教会不断扩充自己的领地、增加自己的财富、扩大自己的政治影响。直到公元11世纪，罗马教廷成了西欧至高无上的权力中心。"

1517年在德国，一个叫马丁·路德（Martin Luder，公元1483年—公元1546年）的修士在一所教堂的门口贴了一张大字报——九十五条论纲，掀起了著名的宗教改革旋风。一个新的基督教教派隆重登场，这个教派外国叫新教，咱们中国叫基督教，而原来的基督教咱们中国就叫做天主教。

这件事据说是因为教廷派发的所谓"赎罪券"而引起的。啥叫赎罪券呢？赎罪券是教廷发明的一种用一定的现金就可以购买到的羊皮纸。赎罪券是干啥用的呢？买了赎罪券就可以缩短一个人应该在炼狱里赎罪的时间。不过这只是堂而皇之的理由，背地里，傻子都知道用赎罪券可以轻松地赚钱。当时教廷派发赎罪券是为了修圣彼得大教堂，因为修教堂缺银子。可是在德国出售赎罪券的是两个贪婪的家伙——约翰兄弟，他们为了给自己敛财，不顾一切地强买强卖，激怒了当地虔诚的信徒。马丁·路德本来是个非常本分的人，可这样的事情让这个本分虔诚的教士也愤怒了。在 1517 年 10 月 30 日那天他把一张写好的大字报，即九十五条论纲贴在了萨克森宫廷教堂的大门上，对销售赎罪券的事进行了猛烈的抨击。

其实老实的路德根本不想煽动什么事情，更不想当啥革命的领导，可是尽管他本人不是很情愿，但他成了一大群对罗马教会心怀不满的基督徒的领袖。不仅如此，各种派别开始厮杀，欧洲

突然间成了战场。所以恩格斯不把这个时代叫做文艺复兴，而叫做“我们所遭遇的民族不幸而称之为宗教改革”的时代。被法国人称为文艺复兴的事情，其实发生在意大利，可为啥恩格斯说意大利人把这个时代叫做“五百年代”呢？

意大利是欧洲天主教的中心，教皇堂皇的宫殿就建在罗马城的梵蒂冈，教皇一高兴站在阳台上说句话，罗马城里都能听见。

意大利应该是被教皇管得最严的地方。可就在这个被宗教的“楼管”管得最严的大本营，却出现了好几个淘气的“学生”，他们就是意大利“五百年代”，也就是文艺复兴时期最伟大的玩家。

房龙说：“文艺复兴并不是一次政治或宗教的运动。归根结底，它是一种心灵的状态。”

意大利文艺复兴第一个弄潮儿就是那位被称为“中世纪最后一位诗人，同时又是新时代最初一位诗人”的但丁（Dante Alighieri，公元 1265 年 — 公元 1321 年）。但丁和咱们中国的屈原、李白、白居易一样是个诗人，只是比他们都年轻多了。中国诗人的诗有很长的，比如屈原的《离骚》、白居易的《长恨歌》，不过再长也比不过这位但丁。屈原的《离骚》如果按句分，不超过 400 句，按行不超过 200 行，可但丁写的《神曲》有 1 万多行，句就没法算了，可见但丁是个善于写长诗的诗人。

但丁是意大利佛罗伦萨人，出生在 1265 年，据说他爸爸是一个没落的贵族。

年轻时的但丁是一个热血青年，那时他玩的是当时佛罗伦萨新兴资产阶级、封建贵族和罗马教皇之间你死我活的政治游戏。在资产阶级暂时获得胜利以后他还被选为佛罗伦萨的执政官。可那时资产阶级还很弱小，但丁参加的白党最终还是遭到教皇的镇压，但丁也因此被判终身流放，而且从此再也没有回到佛罗伦萨，56岁客死他乡。

写诗是在他被流放以后的事情。在被放逐的20年里但丁写出了大量的著作，其中包括著名的《神曲》。这和咱们楚国的屈原有点相似，都是在被放逐以后成了诗人。屈原被逐乃作《离骚》，但丁被流放便著《神曲》。

历史学家认为文艺复兴其实是当时新兴资产阶级的崛起。啥叫资产阶级呢？资产阶级就是一帮做生意或者开作坊、开工厂赚了钱的人，他们在发财以前可能还是穷光蛋，他们是凭着自己的智慧和努力赚到了钱，成了有钱人。基督教不反对人做生意、开作坊，但基督教不赞成奸商造假货、玩山寨版。《圣经·利未记》中说："不可偷窃，不可欺骗，也不可对同胞弄虚作假。不可奉我的名发假誓，亵渎你上帝的名（就是不许搞山寨版——作者注）。我是耶和华。不可欺诈人，不可抢劫，也不可把雇工的工钱扣留到第二天早晨。"耶和华管教得很具体，除此以外还有许多清规戒律是必须遵守的，而且有些规矩可能并不是《圣经》上说的，而是教皇继承和发展出来的。

开始那些商人还可以忍受教皇规定的各种规矩，但随着他们的生意越做越大，就需要有一个更加广阔、更加自由的空间去发展，这时那些清规戒律就显得碍手碍脚了。怎么办呢？资产阶级开始造反，他们要自由，要民主，不能啥事都教皇说了算。但丁的《神曲》就代表了当时那些资产阶级的利益。《神曲》虽然是

个神话故事，但它处处贬低神权，把至高无上的教皇和教会里的显赫人物都打入黑暗的地狱。

但丁的《神曲》就像星星之火，在他之后意大利的佛罗伦萨又相继出现了许多大玩家。而且从这个时代开始，玩家们学会了不那么相信教廷的权威，不去迷信《圣经》里的一切。古希腊辉煌的历史成为这些玩家的财富，但玩家们并不满足于站在古希腊人的肩膀上跳舞，而是运用那些古代的财富去创作新的主题和作品。

“他们不再一心一意地盼望天国，把所有的思想和精力都集中在等待他们的永生之上。他们开始尝试，就在这个世界上建立起自己的天堂。”房龙这样评价道。这其中有一位玩得最地道、最出彩，他就是如雷贯耳的达·芬奇（Leonarto da Vinci，公元1452年—公元1519年）。大家一定会问，达·芬奇不就是那个画了一幅号称神秘微笑的《蒙娜丽莎》的画家吗？为啥也说他是个玩家呢？

这里说的玩家肯定是要玩出名堂、玩出点新花样的，达·芬奇就是其中一个。就拿他的《蒙娜丽莎》来说，那可是开创了写实风格的一幅天才巨作。在中世纪，也有很多画家，他们也成天在画画，而且画得也很好。可是有一点他们不如达·芬奇，那就是中世纪的画基本都是描绘基督教那点事的，里面的人物也好，景色也好，不是出自神话就是来自《圣经》，画的都是神。既然是神，那么他们和我们这些吃五谷杂粮的世俗子弟肯定是不一样的，可怎么不一样呢？神长啥样子呢？啊！神一定和人长得一样，就像为拯救人类来到人间的耶稣基督。但神的神情一定是神圣的、严肃的，就连他们的笑也是天堂里的笑。于是在中世纪的画里，所有的人物都是一个表情，看上去很神圣，可呆若木鸡，缺乏生气。因为他们画的是神，所以画家对真实的人并不十分关心，只要是人的样子，至于人身体的比例，肌肉和骨骼啥就不必去研究了。

可达·芬奇不想这么玩了，他不想画那些没有血肉的神圣躯体。于是他开始研究活人人体的各种比例关系，还动刀子给尸体做解剖，就是为了想知道人的肌肉和骨骼之间到底是啥关系。他用自己的观察，对人体有了切实的了解。于是，达·芬奇画出了栩栩如生的人物形象——《蒙娜丽莎》，她的微笑也不再是来自天国的，而是来自我们活生生的人。这就是写实的风格，神秘的微笑也就神秘在这里。

另外，达·芬奇从自己对人体的了解发现，人体的比例才是

世间最完美无瑕的，是任何物体甚至神灵都不能相比的。达·芬奇还有一幅著名的画《维特鲁威人》，就是表现了这个主题。在前文曾经写过维特鲁威，他是古罗马时代一位伟大的建筑学家，在他的著作《建筑十书》里提出，所有美的建筑都是依照最完美的比例——人体的比例。而达·芬奇这幅《维特鲁威人》就是对维特鲁威这个说法的完美诠释和描绘。这幅画其实是一幅非常简单的素描，就是在一个代表秩序的正方形和圆形之中放入了一个人体。可就是这样一幅画，把人体完美无瑕的比例表现得淋漓尽致，以致这幅画给后人带去了极其深远的影响。

达·芬奇不仅仅是一位天才的画家，他还是雕塑家，发明家，哲学家，音乐家，医学家，生物学家，地理学家和建筑、军事工程师。他是个温文尔雅的绅士、素食主义者、左撇子，他喜欢倒着写字（镜像），不睡觉光打盹（也叫达·芬奇睡眠）；他还是个私生子，一生未婚；达·芬奇还爱玩——就是这么一个普通的、天才的达·芬奇，在那个还被教会严密控制着的意大利，玩成一个时代的开路先锋。

在达·芬奇 23 岁的时候，也就是 1475 年，佛罗伦萨有个小孩出生了，他就是后来享誉世界的大雕塑家米开朗琪罗。达·芬奇的爸爸虽然也是个有地位的人，可他妈妈只是他爸爸的情人，没有“明媒正娶”，所以达·芬奇在自己的身世上没有啥值得骄傲的。米开朗琪罗就不一样了，他爸爸是个没落贵族，尽管没落但也曾是名门，所以在米开朗琪罗的身上总可以看到要为自己的家族光宗耀祖的感觉。

现在我们认识的意大利其实是19世纪以后才开始出现的一个统一国家，在这之前意大利是一个非常不平静的地方。从世界地图上看，这只伸进地中海的“靴子”在很长的时间里是由一堆乱七八糟的城邦、共和国和帝国组成的。但丁的时代就是由于佛罗伦萨在经济上发展很快，新兴的资产阶级要造反，神圣罗马帝国（就是教皇统治的国家）不干了，于是把但丁轰出了佛罗伦萨。这也许就是恩格斯说意大利人把这个时代叫做“五百年代”，而不叫文艺复兴的原因吧。

米开朗琪罗就是生活在佛罗伦萨最纷乱的时代，国家一会儿资产阶级占上风，一会儿又被神圣罗马帝国打垮，一会儿又被法国人占领，最后又回到佛罗伦萨人手中。他还经历了宗教改革时代，受到新教的影响，搞得他一生都在新教和天主教之间瞎折腾。不过好在他从小学会了玩石头，他用自己灵巧的双手把一块块粗

糙的大理石雕刻成栩栩如生的雕像。如果把手放在米开朗琪罗雕刻的石雕上，你似乎能感觉到那大理石下面流动着血液，米开朗琪罗就是这样一个神奇的雕塑家、玩家。

米开朗琪罗没有达·芬奇玩的那么广泛，又是艺术又是科学又是工程学的。米开朗琪罗光玩艺术，他是雕塑家、画家、建筑设计师和诗人。米开朗琪罗著名的雕塑作品《大卫》《哀悼基督》《摩西》《被缚的奴隶》都是旷世巨作，几百年过去了，这些作品仍然让后世的雕塑家感到无比的羞愧。

为罗马西斯廷教堂画的恢弘壁画《最后的审判》和《创世纪》其实并不是米开朗琪罗的强项，包括让他带着一帮工匠去修圣彼得教堂都是教皇逼着他干的。不过玩家就是有这样的本事，虽然不是强项，可他心有灵犀，啥事儿也难不倒这个伟大的玩家米开朗琪罗。

意大利文艺复兴时期的玩家们无论玩的什么花样，都应该说是把前辈（也就是古希腊和古罗马的玩家）的花样玩上了一个全新的境界。现在我们把这种玩法叫创新，几百年前的文艺复兴其实就是一次最彻底、最大胆的创新。权威和传统是创新的基础，而打破传统、超越权威就是创新。一个全新的时代在这些勇敢的玩家的脚下到来了。从此神的时代结束，普通人成了世界的主角。

佛罗伦萨的另一位伟大画家拉斐尔（Raffaello Sanzio，公元1483年—公元1520年）的名画《雅典学园》，可以说就是对他们所崇敬的，并且用创新精神继承的那个时代最美妙的回顾。

第三章　从双簧管到望远镜

双簧管也能看星星吗？当然不能。这里说的其实是：好奇是玩家的天赋，好奇会让玩家兴奋，会让玩家充满激情，还会让玩家玩出惊天动地的大事。天王星这颗 30 多亿千米以外的小星星，是望远镜发明以后被玩家发现的第一颗行星，发现这颗蓝色小星球（其实这个星球的体积是地球的 60 多倍）的人，就是一个曾经吹双簧管的军乐队乐手。

看星星（显得有学问点叫天文观测）似乎总是玩家最喜欢的节目，估计从有狗的时候开始，就已经有人傻傻地站在夜空下，好奇地看着那闪烁着无数星星的苍穹。他也许在问："这些星星到底是咋回事呢？"第一个提出这个问题的人是谁，没人知道，但是这个问题直到现在还没有完全解释清楚，所以傻傻地站在夜空下看星星的人还有很多。现在看星星对于城里人已经是一件十分奢侈的事情，夜里城市的灯光把星星都淹没了（有学问的人说这叫光害）。可是，只要发生比较特别的天象，比如日全食、月

食或者流星雨，肯定还会看见一帮扛着各种器材的发烧友，无论开车还是坐着火车，纷纷出现在远离城市的郊外空地上。

古代看星星的发烧友们为我们留下了许多宝贵的资料，如咱们中国在殷商时期就有哈雷彗星的记载。在整个中国历史上关于超新星爆炸的记载起码有90次，还有日食、月食、太阳黑子和流星雨，数都数不过来。这些都为我们后代研究宇宙演化的历史提供了非常珍贵的资料。

不过古时候的人看星星和现在的发烧友是不是都一样呢？不都是玩吗？现在，某发烧友看到流星时会大喊："嘿，快看，一颗火流星！"或者："哦，天哪！那颗不就是鹿林彗星吗！"古时候也许不是这样。如果那时有人看见一颗火流星可能会这样说："唉，我说坏坏，不知谁家又死人了，天上一颗星，地上一口丁啊！"要是看见一颗彗星就会说："嘿，坏坏，咱们得赶快回家，把好东西收起来，看见那颗扫帚星了吗？准没好事！"

怎么会有如此截然不同的反应呢？是时间上的不同造成的吗？不完全是。现在我们大多数人知道星星是和太阳一样的恒星，或者是和地球差不多的行星，而且回到20世纪、19世纪或者18世纪、17世纪，人们也都会这样认为。可古时候的人不一样，那时候连恒星、行星这俩名词还没“出生”呢，即使这俩词儿已经出现，他们也不会相信那些星星和太阳、地球一样是飘在太空里的球体。古时候的人比我们玩得可随意多了。此话怎讲？

中国的古人玩得特有想象力，他们把璀璨的夜空想象成一个巨大的王国，把星星分成三垣四象二十八星宿。玉皇大帝的宫殿，也就是皇宫稳坐紫微垣，太微垣属于参议院和众议院、天市垣则是咱老百姓做买卖的地方。青龙、白虎、朱雀、玄武四象二十八星宿就像众神围绕在大家的周围。辰星（水星）、太白（金星）、荧惑（火星）、岁星（木星）还有填星或者叫镇星（土星）五颗

星穿行在天际。多么美妙的图景！

古希腊人的想象力也挺丰富，他们把天上的星星都组织起来，变成一个个星座，而且各有一段美妙的故事，故事里的天神不是互相爱慕就是互相打起来，充满着爱恨情仇，离奇而又玄妙。而前面说的五颗星，他们叫漫游者，现在叫行星。到了托勒密的时代就更邪乎了，他说整个天空就是一个巨大的水晶球，我们的地球在水晶球的中间，所有的星星一层一层地都围着地球转动。因为月亮最近，所以月亮天在地球上面，接着是太阳天、水星天、金星天、火星天、木星天、土星天（排列可能不是很正确），然后是恒星天和水晶天，上帝就住在水晶天里，并且用他那只无形的手操纵着整个天空周而复始地不断转动。各个天留下的痕迹被看做神的旨意，对这些可千万不能熟视无睹，不然灾祸就要降临。

从上文可以看出，中国人比较关心恒星，所以在历史上关于恒星的记载很多，比如，超新星爆炸、太阳黑子、流星等。古希腊人更喜欢观察和研究行星，所以古希腊对五颗行星运行的规律在很早以前就有很准确的计算，对它们的运行轨道及其变化也知道得很清楚。

古时候的人看星星除了玩，还有一个重要目的就是占卜。在古人看来，占卜可是一件很严肃的事情，为了这占卜的事儿好多人每天都在仔细地观察着星星，哪怕是一点点的微小变化都要引起关注。尤其是希腊人，他们把这些变化记录下来，逐渐发现了一些规律，正是这些规律的发现为现代天文学的出现提供了很好的资料。不过，无论如何，古时候的人都认为天空是被上帝那只无形的手操纵着的，中国虽然不信上帝，但本质还是差不多，天上的事情是人不能过问，更不能管的。

那是什么时候才把上帝那只无形的手从天上挪开的呢？前面说的哥白尼虽然为后代留下了非常具有创新精神的理论——日心说，并成为近代天文学的起点。可哥白尼也没有去挪上帝那只手，他只是想用自己的计算修正以前很不符合上帝完美哲学的错误。这件事一直到那个“天空立法者”开普勒都没有啥变化。在他发现行星椭圆形运行轨道时，开普勒还在编辑当时很流行的占星历书。他对哥白尼描述的天空充满了敬意，他说：“我从灵魂的最深处证明它是真实的，我以难于相信的欢乐心情去欣赏它的美。”他看到的还是上帝制造的美，而不是别的。

真正让上帝那只无形的小手儿挪开的是伽利略。当他第一次用自己造的望远镜对准月亮，发现他在儿童时代就怀疑的那个水晶球上布满了和地球表面一样的山峦和沟壑的时候，他明白了：并没有上帝那只无形的手。从伽利略开始，发烧友们开始朝着没有上帝小手儿的方向玩下去了。虽然占卜一直到现在也没完全消失，但大多数发烧友了解和认识的宇宙和古代完全不一样了。

大伙儿现在能对星星有比较靠谱的认识要感谢哥白尼这个敢于违抗上帝意志的大玩家。但是，我们也不能忘了有几位对上帝绝对顺从，却又不经意间帮了哥白尼的玩家，是他们对星星坚持不懈的观察，让哥白尼的学说有了更可靠的证据。这些人中最著名的应该是第谷（Tycho Brahe，公元 1546 年 — 公元 1601 年）。

天文发烧友基本都知道这个人，不过没玩过天文的人可能对这个名字比较生疏，而且还会觉得这个名字很怪异。第谷是丹麦人，他的英文名字叫 Tycho，不知是哪位先哲给翻译成第谷，确实有点怪异。第谷用了 20 年左右的时间观察星空，发现了许多神奇的现象，如超新星爆炸和彗星，他的观察完全否定了亚里士多德的一些错误判断，比如，天是永远不变，彗星是“地球干热嘘气之上升者，有时集成为一火烈气团”，也就是彗星是地球大气里的一团火，等等。可是第谷完全不赞成哥白尼的日心说理论，尽管他已经发现其他行星都是围着太阳转的。为了满足《圣经》

颠扑不破的“真理”，他玩出了一个第谷系统。在这个系统里，水星、金星、火星、木星和土星几个行星围着太阳转，太阳公公则带着这几个小兄弟围着地球转，地球还是老大。

16世纪，当欧洲的传教士来到中国的时候，哥白尼的学说已经在欧洲广为传播，“不过，天主教教士终究不能脱离教会内部的约束，教廷狃于教义，不能接受伽利略的地球绕日理论，在华耶稣会会士也就不敢（或不愿）引用伽利略与哥白尼的学说，只能介绍折中托勒密地心体系与哥白尼日心体系的第谷之说，仍以地球为中心……”这里说的“折中”就是前面说的第谷系统。那时的传教士连哥白尼、伽利略都不让中国人知道，太不够意思了。

还有前面说到过的开普勒也是我们要感谢的人之一。他当过几天第谷的助手，第谷去世前把他观测到的大量资料留给了开普勒，希望他继续自己未完成的事业。开普勒其实是个数学家，而且最崇拜毕达哥拉斯，他认为宇宙中的一切都遵循着一个美妙的秩序。开普勒利用第谷留下的大量观测资料计算出了包括地球在内的 6 颗行星的运行轨道，接下来他就试图去寻找这几颗行星运行的数学规律，也就是他崇拜的完美秩序，他首先选中了火星。那时候天空的秩序，也就是完美的正圆形轨道已经被描述得相当仔细，可开普勒根据第谷的资料算了好几十遍，得出的结果总是和第谷的数据不符，差了 8 角分。开普勒不愧是个数学家，8 角分是什么概念呢？整个天空是 360 度，1 度分为 60 角分。月亮在满月时跨越 33 角分，8 角分只有月亮的 1/4 多一点！这么一丁点的差别要是个木匠，肯定是忽略不计的。开普勒说：“对于我们来说，既然仁慈的上帝已经赐予我们第谷·布拉赫这位不辞辛劳的观测者，而他的观测结果揭露出托勒密的计算有 8 角分的误差，所以我们理应怀着感激的心情去认识和应用上帝的这份真谛……由于这个误差不能忽略不计，所以仅仅这 8 角分就已经表明天文学彻底改革的道路。”

开普勒虽然接受了哥白尼的日心说，可他和哥白尼一样，初衷都是为了让上帝安排好的秩序更加完美。现在完美的正圆轨道出问题了，咋办？开普勒毕竟是个玩家，玩家的思想是不受束缚的。此时此刻他突然意识到，我们对正圆形所代表完美的认识是不是一种错觉啊？而且按照哥白尼的推论地球只是一颗普普通通的行星，并非是宇宙的中心。而他也非常清楚，这个总是遭到战争、瘟疫、饥荒和不幸折磨的地球从来都是不完美的，“开普勒是自古以来第一个提出行星是由像地球这样不完美的东西构成的物体（的人）。”

于是开普勒彻底抛开完美的正圆形又开始了新一轮的计算。就在他即将陷入绝望的时候，他尝试着用椭圆形的公式去计算，他惊讶地发现，计算结果与第谷的观测吻合得非常好。开普勒终于在并不完美的椭圆形中找到了行星运动的秩序。经过缜密的计算，最后开普勒提出了关于行星运行轨道的三个定律，叫做开普勒三大定律。“天空立法者”就这样出现了。虽然开普勒自己并

没有去挪上帝的小手，可他的计算结果已经使得人们不再需要那只小手了。

自从伽利略造出了可以把星星看得更清楚的望远镜以后，人们再也不必去顾及上帝的那只小手，真正的天文学从此正式登上历史舞台。

从那以后，玩天文的人如虎添翼，并且随着望远镜的不断改进和创新，发烧友们看到的星星越来越清楚：土星还有一个美丽的光环！火星上有运河？啊！是不是有一帮绿色的小人儿住在火星上？望远镜似乎可以穿透宇宙，让大伙儿看到宇宙的尽头，这简直太奇妙了！于是一个叫威廉·赫歇尔（Wilhelm Herschel，公元 1738 年 — 公元 1822 年）的大玩家闪亮登场了。

威廉·赫歇尔是个德国人，1738 年出生在汉诺威。他爸爸是军乐队里的双簧管乐师，赫歇尔 14 岁就继承了老爹的职业，也当上了汉诺威军乐队里负责吹双簧管的乐师。岁数大一点以后这小子不想在军队里混了，他觉得自己音乐才能还不错，在哪儿不是一样混饭吃。于是他就跑到英国去，在英国的一个乐队当了指挥。28 岁的时候，也就是 1766 年他又跑到一个小教堂里给人家当管风琴手，同时他还开了个音乐兴趣班，当上了音乐老师。几年下来，赫歇尔攒了一些钱，有了这些钱后赫歇尔便开始琢磨该玩点啥了。他和好多人一样从小就对看星星特别感兴趣。

赫歇尔虽然不是穷人，但买望远镜的钱还是不够，开始他是租了一架反射式望远镜，玩着玩着他觉得不过瘾了，可买大型望远镜赫歇尔更没有那么多钱了。怎么办？自己造吧！不就是玩嘛！这时他对望远镜的结构已经有了一些了解，再加上他买了一本天文学的书，书上介绍了望远镜的制作方法，这让他很兴奋。

于是，他开始按照书上描述的方法试着自己做起望远镜来。

那时候望远镜的结构比较简单，无论是伽利略式、开普勒式或者牛顿式，基本就是一片物镜加一片或一组目镜，物镜和目镜中间用镜筒连接，再做个架子把望远镜支起来就大功告成了。可物镜和目镜镜片的磨制是个仔细的活，没有点耐心是玩不了的。当然也可以去商店里买个现成的镜片。不过伽利略式和开普勒式望远镜，物镜都是一块凸透镜，而赫歇尔造的是牛顿式望远镜，物镜是一块凹面的金属反射镜，这样的反射镜商店里也买不着。

制造牛顿式望远镜首先要磨制物镜的镜片，那时牛顿式望远镜的物镜都是用铜胚磨出来的。磨制镜片是件既需要十分细心，又耗时费力的工作，但玩家最不怕的就是这些。只要能看到更清晰的夜空，赫歇尔便不顾一切地玩了起来。为了能更有效地工作，他把妹妹从德国接来和他一起玩，结果他妹妹卡罗琳·赫歇尔成了世界历史上第一位女性天文学家。经过几次试制，赫歇尔终于造了一架比较满意的望远镜。而且，从此以后赫歇尔一辈子都没有停止造望远镜，光是镜片他就磨了 400 多片。有一台赫歇尔制造的望远镜据说拿到了当时还是清朝的中国，送给清朝哪位皇帝当玩意儿去了。

造出了望远镜后，赫歇尔更闲不住，他用自己造的望远镜对准了天空，他要去发现新的奇迹。

那时候虽然大多数人已经接受了哥白尼的理论，但仍然充满疑点，其中最大的疑点是恒星的周年视差。啥叫恒星的周年视差呢？大概是这样：地球如果围着太阳转动，那么在地球处于太阳左右不同的两边时，看到的恒星就会发生所谓的周年视差。这是啥道理呢？打个比方，你如果把一根手指放在眼前，手指后面是一张中国地图。当你用双眼看手指时，手指落在地图上的一点，譬如武汉。这时如果你闭上右眼，睁着左眼，前面的手指马上往东边挪动。如果换一下，闭上左眼，手指就会挪到西边去了，这就叫做视差。刚才的实验就如同站在地球上看一颗恒星，譬如牛郎星，秋天看和春天看应该是处在两个位置上，因为秋天和春天地球正好处在太阳的两边。但这个现象那时一直没有被发现。不过大家都觉得周年视差肯定存在，只不过其他恒星距离太远，周年视差非常微小，所以看不出来。

赫歇尔希望用自己制造的、倍数更大的望远镜去发现这个现象。那么赫歇尔是否成功了呢？很遗憾，他没有成功。可是，在他寻觅周年视差的时候，一不小心发现了另外一个奇迹——他无

意中发现了天王星，天王星是人类用望远镜发现的第一颗行星。

这就是玩家的本事——由一个吹双簧管的乐手变成了天文学家——那不就是在玩吗？几千年来，玩家们出于心中无限的好奇和极大的兴趣不断地观察着那个神秘的夜空。终于有一天，他们发现黑暗星空上的那些小亮点和上帝或者神灵似乎没有什么关系。可和谁有关系呢？于是他们想尽一切办法去寻找最后的答案。开始是用双眼，后来有了望远镜。

赫歇尔由于发现天王星而受到英国国王乔治三世的赞赏，他还被授予皇家天文学家的称号，年俸 200 英镑。不久他又被选为英国皇家学会会员。这下赫歇尔可爽了，不但不用再为钱着急，还从业余玩家玩成了专业学者。

第四章　不需要上帝这个假设

欧洲曾经有过一段不光彩的历史，那就是黑暗的中世纪。那时候欧洲教会的神学，像一把把铁锁禁锢着人们的思想。文艺复兴时，不顾教会统治的玩家冲破牢笼，发现了一个全新的世界。于是上帝去干他该干的事，玩家继续玩了下去。

我们现在看伽利略时代的人可能会觉得很奇怪，因为那时候的人宁愿相信《圣经》里说的，也不愿意相信望远镜里看见的星星是真实的。这是咋回事呢？那是因为教会告诉大家除了《圣经》和古代圣贤说过的以外，其他都不是真的，都是异端邪说。

伽利略为了表明自己的观点，又不想得罪教会，于是他也学着古希腊人的样子写了一本对话集——《关于托勒密和哥白尼两大世界体系的对话》。在书里伽利略设计了三个人物：古代亚里士多德的注释学者辛普里丘（代表托勒密），一个名叫沙格列陀、风趣又毫无偏见的中间人，另一个是萨尔维阿蒂（代表伽利略自己）。不过那时候想出书可是件非常不容易的事情，不经过教会严格的审查是根本别想。所以伽利略想用对话的形式躲过教会严格的审查制度，想把教皇蒙过去。

在这本书里伽利略的主要目的是想通过三个人的对话和一系列显而易见的事实说明不是星星在转，而是地球在转，而且地球还在围着太阳转。他想以此来证明哥白尼的学说是对的。教会的审查机构开始可能没怎么看明白这本书，于是，1632 年 3 月《关于托勒密和哥白尼两大世界体系的对话》出版了。可伽利略没有哥白尼的运气好，没过多久教会醒悟过来了。教皇怎么能允许有

第四章
不需要上帝这个假设

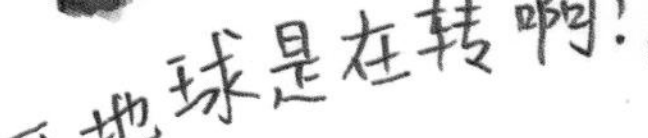

人反对地球是宇宙中心这个被托勒密定下来的“真理”呢？书才出版 5 个月，就在当年的 8 月被教会勒令禁止发行。不仅如此，由于伽利略的书亵渎了上帝，他成了罪犯，罗马教会的法庭要提审他。这下可惨了，已经 70 岁高龄的伽利略不得不拖着衰老的身子来到罗马接受审判。教会认为伽利略宣扬哥白尼的日心说，就是亵渎了伟大的神。可怜的老头被判了终身监禁。在宣判他的时候，据说他嘴里还念叨着：“可地球是在转啊！”

好在有哥们儿捞他，可怜的伽利略没有被囚禁在教会阴森的地牢里，而是被软禁在家里。在软禁期间伽利略并没有屈服，另一部伟大著作《关于两门新科学的对话》于 1638 年在荷兰出版。这本书应该算是伽利略自己一生玩过的材料力学和运动力学的总结。爱因斯坦在评价伽利略时这样说：“伽利略的发现以及他所应用的科学推理方法，是人类思想史上最伟大的成就之一，标志着物理学的真正开端。”

1642 年 1 月 8 日，伽利略终于走完了人生最后的一点时间，在他即将离开这个世界的时候，他说：“我诞生的那一年，正好是米开朗琪罗去世之年。如今我就要撒手人间了，不知道在哪里会诞生一个伟大的人物。”就在这一年的年底，圣诞节那天，在

第四章
不需要上帝这个假设

英国的一个小镇乌尔索普，那个被树上掉下来的苹果砸了一下的艾萨克·牛顿（Isaac Newton，公元 1642 年 — 公元 1727 年）出生了（牛顿的生日是儒略历 1642 年 12 月 25 日，是现行的格里高利历 1643 年 1 月 4 日，所以有人说他是伽利略去世那年出生的，也有人说是第二年出生的）。

牛顿这个开创了被后人称做经典力学的旷世奇才出生时据说只有 3 磅重（1 磅 = 453.59 克），小到可以放进一个啤酒杯里。牛顿小时候并不合群，他不喜欢其他孩子玩的那些庸俗的游戏。他喜欢自己玩，对大自然充满好奇。牛顿幼年的愿望是做一个木匠，他很想做出一个个漂亮的书架和桌子。12 岁的时候牛顿被送到离他家十几千米远的格兰瑟姆去上中学，在那里牛顿认识了他一生中唯一的恋人斯托丽。这个性格内向，孤独羞怯，脾气也不咋地的牛顿得到他舅舅的赏识，在舅舅的鼓励下，中学毕业后的牛顿来到剑桥大学三一学院，从此开始了牛顿的也是全人类的一个辉煌时代。

牛顿开创了人类的一个新时代——科学革命的时代。可以说，伽利略用实验的方法把门推开了一条缝，而牛顿把这扇科学的大门彻底打开了。前面说过的罗吉尔·培根首先提出“数学是科学的大门和钥匙”。而牛顿用一个简单的数学公式描述了我们这个世界遵循的规律——万有引力定律。从此我们才知道，是万有引力，而不是上帝的那只小手在推动宇宙。

从古希腊开始的理性思维在中世纪被教会扼杀，从文艺复兴起开始回归。但是如果只是哥白尼、伽利略或者牛顿这几个伟人，即使他们本事再大，玩得再好，也是不可能创造一个全新时代的。连牛顿自己都说：“我不过是像一个在海边玩耍的孩童，不时为找到比常见的更光滑的石子或更美丽的贝壳而欣喜。”这个科学革命的时代确实还要感谢许许多多来自各个方面杰出的玩家们，是一个个英雄式的玩家从不同的领域把这个时代推向一个个美妙的高潮。

哈雷彗星大家都听说过，这颗彗星就是以英国的一个大玩家埃德蒙·哈雷（Edmond Halley，公元 1656 年 — 公元 1742 年）的名字命名的。哈雷和牛顿是同时代的人物，比牛顿小十几岁，而且和牛顿还是好朋友。哈雷也是个了不得的大科学家，他从小也特别爱看星星，20 岁的时候还跑到南半球的圣赫勒纳岛去看星星。圣赫勒纳岛是南半球大西洋中间的一个岛，1815 年战败以后的拿破仑就被流放到这个岛，直到去世。哈雷在那里测定了 341

颗恒星的详细位置。回到英国以后哈雷“火”了，因为在他以前还没有任何一个天文学家看见过南半球的星星，他被叫做南方的第谷。另外哈雷很想证明开普勒定律，于是去找牛顿商量，结果他发现牛顿早就把这事儿搞定了，那就是万有引力在操控着这一切。“那你还不赶快发表？”哈雷说。“我没钱啊！”牛顿很惭愧。“那好说，我来想办法。”哈雷想尽一切办法为牛顿筹集到足够的钱，于是《自然哲学的数学原理》这部旷世名著出版了。

如今娱乐圈里的大腕名嘴们总是时不时整出点儿名段子名句，流传甚广。不过这些名段子名句流传的时间一般不会很长，起码没有这两句长：“知识就是力量”和“我思故我在”。大腕们的名段子名句流传的时间长了，是谁说的基本忘掉，可这两句名言，只要知道或者记得的人，就肯定知道这两句是谁说的，因为哥白尼、伽利略、牛顿开创的那个科学革命时代少不了这两位玩家。

“知识就是力量”是伟大的弗兰西斯·培根（Francis Bacon，公元 1561 年 — 公元 1626 年）说的，这个被称做为近代自然科学鸣锣开道者的培根，是和伽利略同时代的人，比伽利略大 3 岁。他是英国的子爵，曾经当过大官。可是这家伙晚节不保，因为贪污受贿把官给免了，不但被免官，而且被逐出宫廷，永远不得再做官。看样子培根没少贪，要不咋这样惩罚他。好在免官以后的培根并没有躲起来或者自暴自弃，他开始玩科学了，没事还做个实验啥的。65 岁的培根有一次想做一个冷冻对于防腐作用的实验，于是他宰了一只鸡，把雪塞进鸡肚子。可是身体过于衰弱的培根因此感染重病，不久便去世了，那是 1626 年 4 月 9 日。

我们今天用的冰箱其实就是利用低温来防腐的，大家可能不会想到，冰箱的后面原来还有着这样一个执着老玩家的故事。

培根推崇观察和实验，吴国盛先生说："近代自然科学有别于中世纪知识传统的第一个特征就是注重实验。在强调这种差别以及倡导实验方法方面，英国著名哲学家弗兰西斯·培根起到了引人注目的作用。"不过，培根的思想基本上和亚里士多德当年的那套差不多，只是在方法上比老前辈高明了许多，更重视数据的归纳积累，但对数学在科学实验里的作用他似乎不在行，并没

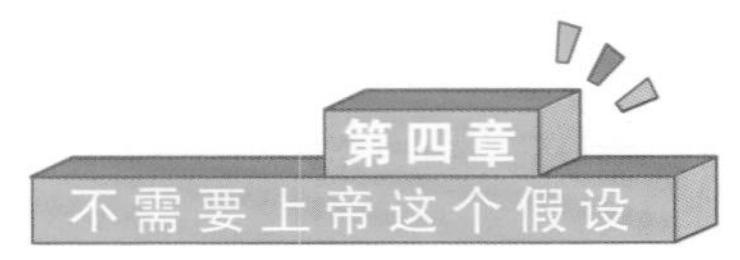

有加以重视。

培根对数学不在行，倒给一个法国人留下了机会，他就是大名鼎鼎的勒内·笛卡儿（René Descartes，公元 1596 年 — 公元 1650 年），一个大玩家。笛卡儿是哲学家，不过他的哲学离不开数学。笛卡儿出身法国名门，小时候身体极差，老师允许他早上可以不早起，结果让他养成早上在床上思考的习惯，从此成就了一个终生喜欢沉思、性格孤僻的哲学家。解析几何是笛卡儿最辉

煌的贡献之一，所谓解析几何就是用他首创的直角坐标系，把几何和代数融合在了一块。有了这直角坐标系，如今的股民们可就高兴坏了，他们只要成天盯着证券交易所里大屏幕上红色和绿色坐标的变化就妥了，不过是赚是赔笛卡儿就管不了啰。

笛卡儿赞成培根的归纳法，但是他认为在错综复杂的世界面前，观察得到的结果不一定是可靠的，归纳法是会出错的，而演绎法不会。啥叫演绎法呢？演绎法就是用一些不证自明的前提，去证明和判定你还不明白的新前提，即数学的方法。

“知识就是力量”“我思故我在”分别代表了培根和笛卡儿不同的理想，这两个理想虽然都有局限性，却成就今天科学社会的两大法宝，所以这两句话一直流传到今天。

牛顿在他的《自然哲学的数学原理》里向全世界宣布了万有引力定律和力学三大定律，让玩家们走上一条全新的路。天文学家根据牛顿的万有引力定律计算出了各个行星的运行轨道，并且根据计算的结果，那些小星星真的就会非常听话地出现在计算出来的位置上，这简直太好玩了！玩得太炫、太酷了！可牛顿的理论是不完善的，太阳系里有那么多的行星，它们这样不断地运转很多很多年以后会怎么样呢？连牛顿自己都担心这样下去太阳系将会陷入一场紊乱，灾难将要来临。上帝能干这事吗？牛顿甚至认为他的理论不能保证太阳系的稳定，上帝还必须伸出他的小手时不时地调整调整。牛顿把上帝抬出来，估计是不想因为万有引力而成为千古罪人。

不过不必担心，不是还有其他玩家吗？在牛顿去世 20 多年以后，一个人在法国出生了，他就是拉普拉斯（Laplace，公元 1749 年 — 公元 1827 年）。“他是诺曼底（第二次世界大战盟军开始大反攻的那个地方）一个乡巴佬的儿子，靠他自己的能力和善于随机应变的才能，后来竟成了王朝复辟时代的侯爵。”

拉普拉斯聪明绝顶，虽然只受到过初等教育，却以一篇关于力学的论文得到了当时法国百科全书派著名学者达朗贝尔的推荐，被任命为巴黎军事学校的数学教授，那年拉普拉斯才 24 岁。从此拉普拉斯开始了他关于太阳系里复杂天体之间力学问题的研究，经过 20 年的努力，他的巨著《天体力学》出版了，从此他被称为法国的牛顿。

拉普拉斯经过计算证明：行星的运动是稳定的，行星之间的互相影响和彗星等外来物体所造成的摄动，只是暂时现象；牛顿的担心（太阳系最终会陷入紊乱）是没有根据的，再也不必请求上帝伸出他的小手去做任何调整了。

据说，拿破仑在听说拉普拉斯写的《天文力学》里没有一次提到过上帝后，就问他："拉普拉斯先生，有人告诉我，你写了这部讨论宇宙体系的大著作，但从未提到它的创造者。"拉普拉斯回答说："尊敬的陛下，我用不着上帝这个假设。"拉普拉斯虽然是个很圆滑的人，有人甚至认为他是个政客，但对于他自己玩的事情，却表现出了一个男子汉的骨气。

拉普拉斯的《天文力学》可以说已经足以证明牛顿是最棒的，也是无可挑剔的。可偏偏有人还是不太相信牛顿的万有引力定律，起码觉得还是不完善的。这其中包括英国皇家天文台的大天文学家艾里（George Biddell Airy，公元 1801 年—公元 1892 年）。

在天文学家根据万有引力定律对赫歇尔发现的新行星——天王星的轨道进行了仔细计算后，发现这个轨道有很明显的偏差。算出来的和实际出现的位置有误差，而且误差越来越大。这是怎么回事呢？于是有人开始怀疑，是不是牛顿弄错了啊？不过有一些人觉得这不是牛顿的错，而是因为在天王星的外面还有一颗我们尚未发现和看到的行星，是这颗未知行星的引力造成天王星的摄动。这可不是开玩笑，你要拿出证据来的！计算这颗未知的行星是非常困难的，这个假设是否成立就要看这帮玩家的本事了。

有个英国小伙子不信邪，他要算一算，这个人叫亚当斯（John Couch Adams，公元 1819 年 —公元 1892 年）。他在上大学的时候就利用课余时间算，一直算到大学毕业。在上研究生课的时候，他改进了自己的算法，在 1845 年得到了一个满意的结果。于是他拿着自己的论文求见当时在伦敦皇家天文台当天文学家的艾里。可没想到艾里根本不搭理他。亚当斯只好又请人转交了他的论文摘要给艾里，艾里还是不以为意。他倒不是怀疑牛顿的万有引力有问题，而是怀疑这个刚毕业没多久的大学生没这么大的本事。

好在玩这事的人不止亚当斯一个，在法国还有一位，他叫勒维烈（Le Verrier，公元 1811 年 — 公元 1877 年）。勒维烈和亚当斯一样都出身贫寒。为了勒维烈能去巴黎读书，他爸爸卖掉了房子。勒维烈从 1841 年开始研究天王星轨道不正常的问题，1846 年，他完成了《论使天王星运行失常的行星，它的质量、轨道和现在位置的决定》。他把这篇论文交给了法国科学院，但是当时法国没有他所说的宝瓶座一带详细的星图，于是他又把论文寄给了德国柏林天文台的加勒。在给加勒的信里他说："把你的望远镜指向宝瓶座，黄道上黄经为 326 度处，在这个位置 1 度的范围内能找到一颗行星。这是一颗 9 等星，它具有明显的圆面。”

出生在 1 月 20 号以后，2 月 19 号以前的人士，在星相学里就是出生在宝瓶座的人。所谓明显的圆面就是通过望远镜辨认行星最明显的标志，恒星由于距离太遥远，是看不到圆面的，而行星还可以，比如，海王星用现代的大型望远镜观测，它的视直径是 2.2 到 2.4 角秒。

在收到信的当晚，也就是 1846 年 9 月 23 日，加勒按照勒维烈的说法把望远镜对准了那片天区，果然发现了一颗以前没有标出的星星。第二天他继续观测，这颗星星移动了 70 角秒，哈！这的确是一颗行星，是一颗从未发现过的行星！

消息传到了伦敦，已经当上皇家天文台台长的艾里彻底傻了。

丹皮尔说："牛顿理论的精确性实在令人惊异。两个世纪中一切可以想到的不符情况都解决了，而且根据这个理论，好几代的天文学家都可以解释和预测天文现象。"

从笔尖上发现的行星海王星到另一颗笔尖上发现的行星冥王星，时间又过去了 84 年，时间不长也不短。不过从这时开始，上帝的神学和科学就分手了，上帝只管他该管的事，科学家继续玩去了。

第五章　穷人出身的法拉第

如今无处不在的电，点亮了夜晚，让曾经恐怖的漫漫长夜充满了浪漫和诗意。而且中国人也早就知道有电这回事，可不知道电除了是阴阳激耀以后产生的可怕闪光以外，还能点亮我们的生活。是吉尔伯特、马德堡、富兰克林、伏特和法拉第等这些玩家把电变成了和我们形影不离的挚友。

人类是惧怕黑暗的动物，这也是人们为什么会喜欢晚上讲鬼故事的原因。据说这种心理是几百万年前，人类由于夜里经常受到夜行食肉动物的袭击而留下的。虽然怕黑并非是人类本能的生理机能，但是无论如何人类确实总会对黑暗感到恐惧。不过，自从人类学会了玩火，大人基本就不再惧怕黑暗和夜晚，怕黑的就剩下又想听而又害怕鬼故事的小孩子了。火光照亮了夜晚，也照亮了孩子们酣睡的小脸蛋。就这样人类靠火光度过了很多很多美丽的夜晚，一直到有了电。

电现在是我们生活中不可缺少的了，如果没了电可不光是晚上找不到回家的路那么简单，电脑打不开，邮件发不出去，汽车打不着火，冰箱变成毒气室，地铁成了耗子窝……甚至可能比这还要糟几百、几千倍。

电这个字在中国早就有了，《说文解字》上关于电的解释是："电，阴阳激耀也。"《说文解字》是中国最早的一部字典，作者是东汉的许慎，书中解释的是自西周以来，大约 9000 多个汉字。所以"电"字肯定在许慎编书以前很久就已经存在，起码也有 2000 多年了。那外国啥时候有电这个字的呢？英文 electricity

（电、电流、电力）这个词来自希腊文ηλεκρου，这个希腊词的意思是琥珀。电和琥珀有啥关系？这事还得从头说起。

前面谈到指南针的时候提到过一个人，这个人就是西方第一个研究磁性的，17 世纪初英国的玩家吉尔伯特。吉尔伯特除了对磁性有很深入的研究以外，他对摩擦生电的现象也很感兴趣。那时候很多人都知道摩擦琥珀后，琥珀就会吸引起很多小东西，据说这事儿当年古希腊的泰勒斯也玩过。吉尔伯特还发现，除了琥珀，还有很多东西经过摩擦也会出现同样的情况。于是他把这些现象归结于一种力，那就是我们现在说的电力，他用希腊文琥珀创造了一个新词 electricity。也就是说英文中电这个字是 17 世纪才有的，比中国晚了 1000 多年。

电这个自然现象无论中国还是外国早就知道。中国古代把电说成是阴阳相激而成，所谓“雷从回，电从申。阴阳以回薄而成雷，以申泄而为电。”回是转动的意思，申是束缚的意思，所谓“申泄”就是被束缚又突然释放。东汉的王充（约公元 27 年 — 公元 97 年）在他的《论衡》里提到的“顿牟掇芥，磁石引针”，“顿牟”是琥珀的别名，意思是琥珀能吸引（掇）小东西（芥），这和后来吉尔伯特说的摩擦生电的意思是一样的。王充是东汉时期一个奇才，也是玩家，不过除了王充，后来再没有人对电的现象发生兴趣，更没有人去玩，所以中国古代没有更多关于电的解释。

把电用在我们的生活上要感谢西方很多辛苦的玩家，是他们辛勤的工作把电这个琢磨不定的怪物制服，变成了点亮人类现代生活的源泉。

自从吉尔伯特发明了 electricity 这个词以后，就有很多玩家对这个古希腊的琥珀产生了兴趣和好奇，这琥珀上的东西到底是啥呢？

吉尔伯特还发现了很多东西，除了琥珀之外，他还拿着各种不同的材料去摩擦，玩得很得意。他发现电这玩意不是所有物体摩擦都会有的，于是他把这些分为“电物体”和“非电物体”。

还有一个玩家也很厉害，他玩了一件事，那就是起电机。他把一个硫黄球（后来改成玻璃球）安上摇把，可以使其转动，当用手或者其他毛皮之类的东西摩擦正在旋转的球体时，球体里就会储存一些静电，用这些静电就可以玩很多有趣的实验。比如，静电感应——把一个小物体凑近硫黄球，小物体上就会感应上电。那时候没有塑料，如果用塑料球，说不定能把人电个跟头。

发明起电机的人叫盖里克（Otto von Guericke，公元 1602

年 — 公元 1686 年），德国著名的玩家，物理学家。盖里克玩的另一样东西更出名，那就是马德堡半球实验。17 世纪大家对真空发生了兴趣，于是很多人都玩了起来，盖里克就是其中之一。他不但是个著名的玩家还是马德堡的市长，马德堡是现在德国的一个城市，那时候好像属于神圣罗马帝国。著名的马德堡半球实验就是盖里克演示给当时神圣罗马帝国的皇帝费迪南三世看的一个有趣的实验。这个实验证明了空气中的大气压力是相当大的，人的身体里如果是真空的，一瞬间就会被大气压力压成一张薄薄的水彩画儿。

自从盖里克发明起电机以后，很多人都会玩了，并且越做越精致。可是无论起电机做得如何精巧，其中产生的静电会在转动停止以后不久便消失在空气中，而且电量小得可怜，干不了啥惊天动地的大事。这可怎么办呢？皇天不负有心人，可以得到足够多电量的莱顿瓶就在这时被发明了。莱顿瓶其实就是一个很简单的电容器，发明过程也很偶然。据说在 1745 年，荷兰莱顿大学一个名叫穆森布雷克（Pieter van Musschenbroek，公元 1692 年 — 公元 1761 年）的物理教授，在用起电机连着一个玻璃瓶玩什么实验时，不小心给电了一下，这才发现玻璃瓶里原来可以容

纳不少的电荷。这下好了，可以玩比起电机更好玩的事情了。

莱顿瓶一发明，很快就传遍了欧洲，玩家们如鱼得水。他们发现用莱顿瓶放电能把老鼠电晕甚至电死，用莱顿瓶还可以点燃火药。这简直太好玩了！有个法国人玩得更邪乎，他在巴黎修道院门前，找来一大帮修士，一共 700 人，他让所有的人手拉手站一排。第一个人的手里拿着莱顿瓶，最后一个拿着一根引线。当引线和莱顿瓶一接触，700 个人全都大叫着跳了起来。在场观看

的法国国王路易十五被逗得哈哈大笑。这虽然是演示给法国国王看的游戏，但这个游戏让大家都明白了一件事：电是不好惹的，电老虎简直就是个十足的怪物。

本杰明·富兰克林（Benjamin Franklin，公元 1706 年 — 公元 1790 年）也是一位非常著名的玩家。他是美国人民心中的大英雄，参加过独立战争，还参与起草了《独立宣言》。他还是费城公共图书馆、北美哲学会和宾夕法尼亚大学的创办者之一。一个政治家怎么也玩科学呢？其实，富兰克林是个啥都关心的人，不只是政治和科学。法国著名经济学家杜尔哥这样评价他：“他从天空抓到雷电，从专制统治者手中夺回权力。”富兰克林从天空抓雷电为后来的电学研究开辟了新的道路。那时候大家把从莱顿瓶或者其他手段得到的电叫做“地电”，人们认为这个“地电”和天上闪电打雷的“天电”是不一样的。富兰克林看到莱顿瓶在放电的时候，也会噼里啪啦地乱响，他想这和闪电不是一样吗？为证实自己的想法，1752 年 7 月，这个大胆的家伙在一个雷电交加的天气，把一个风筝放上了天。风筝连着一根铜线，铜线末端连着一个铜钥匙，铜钥匙插进一个莱顿瓶里。一声巨响，真的有一道闪电击中了他的风筝，拽风筝的丝线上所有的毛毛都竖了起来，莱顿瓶果然出现了电火花。闹了半天，“天电”和“地电”是一回事。好在富兰克林命大，不然这个实验结果估计就要由别人来发表了。

还有一次，富兰克林把好几个莱顿瓶连在一起，想用强电电死一只火鸡。可实验还没开始，他自己被狠狠地电了一下，当场晕了过去。醒过来以后，他看着那只瞪着他的火鸡说了一句：“好家伙，本想电死只火鸡，结果差一点电死一个傻瓜。”

那时候大家玩起电机、玩莱顿瓶，玩得很过瘾，而且也知道电肯定是有用武之地的。可电到底怎么才能拿来用呢？就像柴火，要生炉子就必须先砍下很多树干或者树枝，然后晾干了，剁成一节一节的堆在家门口备用。没有准备好的柴火是没法生炉子的。可是电怎么能像柴火一样堆起来备用呢？电虽然能把人电晕，可看不见摸不着。看起来电似乎到处都是，哪里都有，可怎么把电给弄出来，并且储存起来呢？由于那时候的玩家们玩的基本都是静电，静电在一瞬间就释放了，一方面存不住，另一方面也不会产生持续不断的电流。

18 世纪的欧洲是个很奇妙的时代，玩家总是不断地出现，很多事情就是被这些玩家一不小心给玩出来的。

有个实验，不知有人做过没有，那就是用一把铜钥匙和一把铝钥匙（不是钥匙也行，只要是两种不同的金属）同时放在舌尖上，在两把钥匙很接近但又没有接触上时，你的舌头上就会有一种酸酸的甚至麻酥酥的感觉。用现代物理学来解释，就是两种金属之间电荷的压差不同，产生了电流。这点电流虽然十分微弱，可舌头很敏感，有一点电流通过就会感觉到。要不说为啥咱老妈做的红烧肉稍微多放了一点盐，你就会大喊：这肉太咸啦！弄得满头

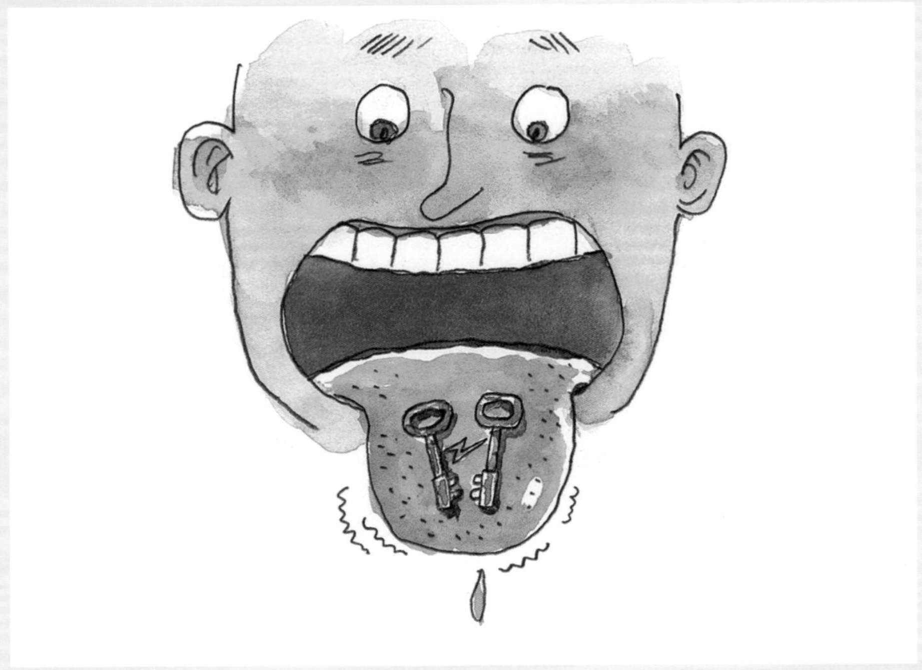

大汗的老妈郁闷了一下午呢。这还真不怪你不尊重老妈，全怪舌头太敏感。

电流的现象一开始是被一个意大利的科学家发现的，他叫祖尔策（Sulzer，公元 1720 年 — 公元 1779 年）。但是他经过很多次实验以后，也没搞清造成舌头有感觉的东西到底是啥。1780 年，又有一个意大利人偶然间发现了这个现象。他是在解剖青蛙的时候，不小心让金属镊子碰了一下青蛙的神经，青蛙顿时抽搐起来。

这让他觉得生物体里也有电，而且和摩擦生电得到的电是完全一样的，他把这种在生物体上出现的电叫动物电，这个人叫伽伐尼（Luigi Galvani，公元 1737 年 — 公元 1798 年）。

这时一个更伟大的人物，一个大玩家出现了，他就是伏特（Alessandro Volta，公元 1745 年 — 公元 1827 年）。伏特也是意大利人，他发明的起电盘使他名声大噪。他和伽伐尼是哥们，所以伽伐尼玩啥他都知道。他琢磨着不用生物体是不是也会产生同样的事情呢？估计他多少听说过当年祖尔策干的事，于是他就拿不同的金属做实验。伽伐尼发现动物电以后还引起过一场不大不小的争论，争论双方分为动物电派和金属电派，两派各执一词。伏特把这些争论先放在一边，只用不同的金属做实验，结果让他搞出了大名堂。他发现了所谓的伏特序列，也就是不同的金属之间产生不同大小电流的序列，包括锌、铅、锡、铁、铜、银、金等，这个序列中相隔越大的金属之间产生的电流也就越大。伏特根据这个序列在 1800 年制作出全世界第一块电池（伏特电堆）。1801 年，他拿着自己制作的电池演示给拿破仑看，拿破仑马上封他为伯爵和伦巴帝王国参议员。现在我们对电压的描述，即单位伏特（Volt），就是为了纪念这位伏特伯爵。

这些事发生在18世纪90年代，也就是1795年前后，那时候正是大清朝的乾隆皇帝禅位，嘉庆皇帝上台的年月。从吉尔伯特到伏特，时间过去了200年。这200年里，中国经历了从清军入关到乾隆的宠臣——大贪官和珅被嘉庆赐死等一系列历史事件，而欧洲人却在不断地变换着新玩法、新玩意。

伏特电堆预示着现代电气时代的来临。伏特以后的玩家们开始研究电和磁之间的关系。现在我们都知道，电与磁是一对关系密切的小兄弟。吉尔伯特受到来自中国的指南针的启发，开始去研究磁。同时他又发现了电力，可吉尔伯特没发现这两件事中的关系。200年以后，是两个充满灵感的玩家发现了电与磁之间的关系。第一个是丹麦科学家奥斯特（Hans Orsted，公元1777年 — 公元1851年），他是丹麦哥本哈根大学的教授。他一直就觉得电与磁有关系，他认为，既然电在通过比较细的电线时会发热，那么电线再细就会发光，继续细下去就会产生磁力。为此他设计了很多实验，可是他运气不好，总是不成功。有一次他又重复了一次这个实验，这次老天终于开眼了，当他接通电流以后，旁边的一个磁针真的动了一下，奥斯特简直高兴坏了，他还发现磁力的方向和电流是垂直的。不过奥斯特只是发现了电流对磁针

第五章
穷人出身的法拉第

的作用，是另一个更具灵感的人把奥斯特的发现又推向一个高峰——电动力学，他就是法国的安培（André-Marie Ampère，公元 1775 年 — 公元 1836 年）。安培小时候是个神童，12 岁就已经掌握了当时所有的数学知识。长大以后他常被人们叫做“心不在焉的教授”，因为他好像老在琢磨啥似的。他做事全凭灵感，当他知道了奥斯特的发现以后，灵感突然爆发，在不到一个星期的时间里就发现了电和磁之间的两个规律，即右手定律和两个电流与磁力的关系。这些被称为安培定律的数学公式，成为后来电磁学发展的强大动力。另一个德国人欧姆（Georg Simon Ohm，公元 1787 年 — 公元 1854 年）不久又提出了他的欧姆定律。他们的发现似乎都在为另外一个大玩家的出现奠定基础，这个大玩家就是法拉第（Michael Faraday, 公元 1791 年 — 公元 1867 年）。法拉第是 19 世纪最伟大的科学家之一，他是我们可以生活在如今这样一个电气化时代最应该感谢的一个人。

法拉第和前面说的所有玩家都有很大的不同。法拉第出生在伦敦郊区一个贫穷的铁匠家庭，读了几天书刚刚够把字认全便辍学了。14 岁时，法拉第就去印刷厂当童工给家里挣钱，听起来有点像狄更斯笔下“雾都孤儿”的感觉。不过印刷厂装订工人的工作让法拉第有了看书的机会，他利用工作之便读了不少书，并且学到很多科学知识。他试着做了一些化学实验，还装了一台起电机。法拉第虽然是个穷小子，可他爱玩。

有一年，当时英国著名的化学家戴维（Humphry Davy，公元1778年—公元1829年）男爵正在举办一系列的讲座，法拉第偶然得到一张票。听了戴维的课他惊讶地发现，自己居然完全可以听懂。于是他更加认真地听课，并做了很详细的笔记。

成年以后，法拉第仍然是印刷工人，只不过不再是童工。由于法国老板不咋地，他不想干了，于是给自己写了一封举荐信寄到皇家学会，想谋个差事。英国的皇家学会成立于1660年，全称是“伦敦皇家自然知识促进学会”，这个皇家学会和现在的中国科学院差不多，想在那儿谋个差事可太难了。果然，法拉第的信石沉大海。他又把自己听课时记录下的300多页笔记装订成一个漂亮的本子（干印刷的，做个漂亮本子他最在行），并把本子直接寄给了戴维，希望在戴维手下工作。戴维看到法拉第的笔记，被他的才华感动了，当戴维的一个助手离开以后，法拉第顺利地成了戴维的助手。但是在当时的英国，戴维虽然很看重法拉第的才华，但他自己是一个有名望的男爵，还是会有点看不起出身卑

微的法拉第，对法拉第很不客气。1813 年在戴维去欧洲旅行的时候，法拉第几乎就成了他的贴身奴仆。不过一心只为玩的法拉第毫无怨言，这次旅行让法拉第见到了伏特，还有许多著名的科学家和科学精英。这些经历更加刺激了法拉第，不久以后，法拉第的成就便超越了戴维。当法拉第成名以后，戴维竟然产生了妒忌，在选举法拉第为皇家会员时，他投了唯一的反对票，可法拉第对自己早期的恩师永远怀着敬慕之情。

法拉第的一生谦逊正直、治学严谨，而且生活俭朴、不尚奢华，经常被到皇家学会做实验的学生们当成看门老头。他婉拒了担任皇家学会会长的邀请，他说："我是个普通人，如果让我接受皇家学会希望加在我身上的荣誉，我不能保证自己的诚实和正直，连一年都做不到。"法拉第是玩家，他对傍晚的雷雨或者辉煌的落日的兴趣远远胜过华丽的名牌衬衫或者精致的银餐具，因为只有雷雨和落日会让他疯狂。法拉第的好友丁达尔（John Tyndall）这样说："一方面可以得到十五万镑的财产，一方面是完全没有报酬的学问，要在这两者之间去选择一种。他却选定了第二种，遂穷困以终。"

正是这个充满了无限才华和人格魅力的法拉第，在40多年的科学生涯中，做出了极其伟大的贡献。他因为没有受到过多少正规的学校教育，数学比较欠缺。但他是一个非常棒的玩家，一个实验的高手，并且可以用条理清晰的语言准确地表达自己的想法和实验。所以他的电磁感应理论的发明和创造，使电动机和发电机的运转成为可能，并成为整个19世纪工业的强劲动力，直到今天我们仍然在享受法拉第带来的无尽快乐。

第六章　智者玩出的笑话

罗吉尔·培根曾经对人之所以犯错列出四种可能，其中一种就是对知识的自负。这点有时确实是很害人的。科学知识和《圣经》里的谆谆教导不一样，科学是对事物的一种判断和认知。所以科学知识是随着判断和认知的不断深入会有所改变的，如果对已经了解的知识抱有自负的想法，那就错了，很可能还会闹出笑话。下面大伙儿就能看见一位。

据说猴子或者山羊什么的，觉得自己不舒服了，就会去找一些树叶子或者草，吃下去以后就没事了，这就是草药。这事儿人类也早就知道，当然比猴子山羊玩得强多了。人类在很早的时候就有关于能治病的植物的记载，最早干这事的应该是中国人。被称为奇书的《山海经》（《山海经》也被认为是一本地理书）里记载了大约 30 多种具有药用功能的植物，比如，“又西六十里，曰石脆之山，其木多棕楠，其草多条，其状如韭，而白华黑实，食之已疥。”疥是一种病，也叫疥疮，是因为感染了一种叫疥虫的“小坏蛋”引起的。不光是植物，人类还研究动物，比如，雪蛤（也叫林蛙）有抗衰驻颜的效果，虎骨有强筋健骨的作用等（不过不建议大家去吃，吃多了地球就该病了）。明朝李时珍的《本草纲目》里关于什么草有什么作用，什么动物能治啥病说得就更全面了。所以传统中医是中国人玩得相当成功的一件事情。

植物除了能治病，人们不能缺少的粮食蔬菜以及那些美妙无比的花朵也都是植物。对植物的好奇让欧洲人很早就建立了专门的植物园。自古希腊的缪塞昂被罗马人一把火烧了以后，在 1545 年前后，意大利人又建起了植物园，他们把各地采集来或者探险家们从遥远的地方带回来的奇花异草种在植物园里，供人们欣赏

和把玩。就是这些在植物园里玩植物，后来又扩展到玩动物的玩家们玩出了一门叫博物学的学问，之后，从博物学又发展出了现代的生物学。

古希腊也有很多玩家喜欢玩动植物，到了罗马时期，一个叫普林尼（Gaius Plinius Secundus，公元 23 年 — 公元 79 年）的意大利人把希腊时期关于大自然的百科知识总结成一部巨著《博物志》。在这部有 37 卷的百科全书式的著作中，普林尼汇编了 34000 多种关于自然的条目，其中包括大量动物和植物的条目。这个人怎么会有这么大的本事呢？其实这本书就是他的故事集，雷立伯在他的《西方经典英汉提要》一书上这样说：“这些知识是他从 100 位作者的 2000 部书中得到的。”而且普林尼是非常忠实地把其他人的说法照搬进他的书里，所以里面还有很多是属于神话或者鬼故事的内容，比如，在他的书里你还可以找到美人鱼和独角兽这类传说中的动物（不知道中国的凤凰、麒麟啥的他听说过没有），在那时由于缺少更多的资料对普林尼的说法加以核对，所以普林尼的权威性不会受到怀疑。普林尼应该说是那个时代最伟大的学者和玩家，他做过罗马帝国的大官，是罗马的上层人物。他又是个嗜书如命的人，一辈子读了大量的书，据说他一生写过 7 部书，包括演说术、修辞、兵器、历史和人物传记等。但大部分只剩下片断，只有《博物志》流传下来。公元 79 年 8 月 24 日，普林尼为观察维苏威火山的情况，不幸因火山喷出的烟雾窒息而死，他当时是那不勒斯的舰队司令。

在黑暗的中世纪，人们相信动物和植物都是上帝造的，所以

也没人有兴趣去玩了。文艺复兴以后，尤其是地理大发现以后，欧洲人的视野大大地扩展开来，更加广阔、更加丰富多彩的世界展现在欧洲的玩家们面前。原来，世界上的玩意儿比普林尼当年说的那些不知多了多少倍。

更加令人兴奋的是，除了那些眼睛看得见的，眼睛看不见或者看不清的小东西到了 17 世纪也都能看见了。为啥呢？因为前面说过的伽利略，不但玩出了能看星星看月亮的望远镜，同时还用同样的原理造出了显微镜。有了显微镜，小苍蝇一瞬间变成了一介浑身长满毛毛的大怪物。从此人们的视野再一次被扩大。

五花八门的物种被不断地发现，有动物也有植物，博物学家们也越来越被人们所尊敬。可玩家们发现问题也随之而来了：这么多的物种之间是不是有啥联系？如果有会是怎么样呢？怎么才能把它们之间的关系搞清楚呢？于是玩家们又去亚里士多德老先生那里去找根据。干吗没事老找他呀？那是因为亚里士多德老先生早就说过，世界上所有的物种都有“属”和“种”之分。不过当年他只描述过大约 500 种植物，而到了 17 世纪，人们已经知道了起码 6000 种植物。100 年以后又有 12000 种新植物被发现，简直就是大爆炸。亚里士多德说的那些已经完全失去了意义。

亚里士多德虽然没有提供直接的答案，可他把生物分成“属”和“种”的方法却给玩家们带来了启示。于是玩家们用通过观察得到的动植物表面特征对它们进行分类，比如，根据植物的高矮，给分为草本、木本和灌木。于是植物和动物的分类，也就是生物分类学成了博物学家一种全新的玩法。把植物分成草本、木本和灌木的方法就叫做人为分类法。

17 世纪，一位英国的玩家创造了一套新的分类方法——自然分类法，他写了一大堆的书，如《英国植物名录》《威勒比鸟类学》（威勒比是他的老师）《威勒比鱼类史》《植物研究新方法》《植物史》《鸟类及鱼类概要》《四足动物概要》《昆虫史》等，还有一本《从创世的工作中看上帝的智慧》，充满了对无所不知、无所不能的上帝的赞扬，因为他是一位虔诚的基督徒。他还和另外一个动物学家结伴到处旅行，研究动植物，足迹遍布全球。他描述和指出的许多动植物纲目，如把动物分为兽、禽和昆虫等，至今仍然被生物学家所采用。这个大玩家的名字叫约翰·雷（John Ray，公元 1624 年 — 公元 1705 年）。

约翰·雷的分类法虽然对自然分类学和后来的生态学都有很好的促进，可他的分类法过于复杂，使用起来非常不方便。另一个人把人为分类法进行了巧妙的归纳，他以植物生殖器官，也就是花蕊的结构为依据创造了分类方法，在命名方法上创造了所谓的双名制。这个人就是瑞典著名博物学家林奈（Carl von Linné，公元 1707 年 — 公元 1778 年）。

林奈还有一个非常好听的雅号，叫花仙子。林奈 1707 年出生在瑞典一个乡村牧师的家庭，父亲非常喜欢园艺，他家门口就是一个漂亮的小花园。林奈受父亲的影响，从小也对各种花草十分着迷。所以他也和许多著名科学家一样，上学的时候成绩平平。林奈对自己小时候的印象是："处罚，不断被处罚，教室是最可怕的地方……如果有所教室可以在林中漫步，在小草上打滚，那该有多好。"

20 岁时，林奈上了大学，喜欢植物的林奈也喜欢上了博物学，他热衷于学习采集和制作各种植物标本的方法，因为这更符合这

个“花仙子”在林中漫步，在小草上打滚的理想。1732 年他跟随一支探险队到瑞典北部的拉普兰地区做野外考察。拉普兰地处北极圈内，是一片寒冷而又神秘的地方，现在是瑞典著名的旅游地。那个童话一样的冰雪世界，传说是白胡子老头圣诞老人的故乡。在那里，游客可以享受极夜、极昼还有驯鹿驾驶的雪橇的乐趣，运气好还能看见绚丽的极光。在那片荒凉而又充满神奇的地方，林奈发现了 100 多种新植物，他把考察得到的资料发表在了《拉普兰植物志》上。那时候大家认为北极圈内那么冷，除了松树和苔藓还能有啥植物啊。林奈的这些资料让大家惊讶地看到，原来北极圈里也有一个如此丰富多彩的世界。林奈一夜之间成了小有名气的博物学家。

大学毕业后林奈继续在欧洲游历，1835 年他在荷兰取得了博士学位。在同一年，他的《自然系统》一书也出版了，这本当时只有 12 页的薄薄的小册子马上引起了同行的注意。就是在这本书里，林奈提出了他的植物分类法。从此林奈不断用新的资料补充和修订这本书，30 多年以后，本来只有 12 页的《自然系统》已经变成一本有 1327 页的巨著，总共修订了 12 版。

在这本书里，林奈把整个自然分为三界：动物界、植物界和

瑞典动物志

矿物界，并提出了纲、目、属、种的分类方法。在他后来出版的另一本书《瑞典动物志》里，他又把动物分为六个纲，即哺乳纲、鸟纲、两栖纲、鱼纲、昆虫纲和蠕虫纲。

林奈是一个忠实的基督教徒，所以他一开始是坚信物种不变的。但随着各式新种、亚种和变种不断被发现，他也对那个万能的上帝产生了疑惑。因此他说自己的人为分类法“只有在自然体系尚未发现以前才用得着”。

前面说的都是玩活物的玩家，还有玩死物的。死物是啥？就是化石。

在英国南部一个小村庄里，有个乡村医生叫曼特尔（Gideon Mantell，公元 1790 年 — 公元 1852 年）。乡村医生估计和中国当年的赤脚医生差不多。这个曼特尔除了行医，他还有个爱好，就是玩化石，收集化石，是一个顶呱呱的玩家。有一天他去出诊，他的夫人在出门接他的路上，一不小心在路边发现了一块奇怪的牙齿化石。这可乐坏了曼特尔，他拿着夫人发现的化石仔细地端详，可怎么也看不出这应该属于什么动物。曼特尔心想：得找个专家鉴定一下。找谁呢？当时法国有个很有名的博物学家，那可是个大专家，找他准没错。这么牛的人是谁？他就是居维叶

（Georges Cuvier，公元 1769 年 — 公元 1832 年）。

于是曼特尔坐着轮渡渡过英吉利海峡来到法国，他找到了居维叶（不知道出国签证花了这位老兄多少天的时间）。居维叶拿着曼特尔的化石端详起来，这个见多识广的大博物学家居然也从来没见过这样的化石。按说居维叶这么有学问的人应当是很谦虚的，可居维叶暗想，在曼特尔这个无名鼠辈面前说不知道，是不是太栽面儿了？不能说不知道。中国有句古话，智者千虑，必有一失。居维叶犯了一次也许是他一生中最愚蠢的错误，他告诉曼特尔，他拿来的化石只是一种犀牛的牙齿，而且年代不会很久远。也不知这话居维叶是怎么琢磨出来的。

曼特尔半信半疑地离开了法国，回去以后他越琢磨越不对劲，是不是居维叶老头子糊弄我啊？如果不是个玩家，曼特尔可能也就不再追问了，可曼特尔偏偏是个贪玩的大玩家。玩家是世界上最顽强的人，如果哪个游戏没玩出点道道，肯定是不会善罢甘休的。从法国回来以后，曼特尔只要有机会就拿着他的宝贝化石到各个博物馆去比对、研究。两年以后，曼特尔来到伦敦的皇家博物馆，有一个人正在做着一种生活在南美洲的爬行动物的研究，这种爬行动物叫鬣蜥。他们一起用曼特尔的化石和鬣蜥的牙齿进

行比对，结果让他们大吃一惊，这种化石和鬣蜥的牙齿非常接近，除了更大以外其他几乎是一样的。原来这是一种生活在远古时代和鬣蜥差不多的爬行动物的牙齿。这下把曼特尔高兴坏了，功夫不负有心人，这个坚持不懈的玩家曼特尔终于有了全新的发现。

曼特尔把他发现的这种远古生物起名叫“鬣蜥的牙齿”。

1825年曼特尔在英国皇家会刊上发了一条简报，于是第一个被人类发现并命名的恐龙就这样被一个玩化石的乡村医生给玩出来了。也有人认为第一个被命名的恐龙是斑龙，斑龙的化石的确是在更早的时候发现的，但当时被认为是巨人的骨头，而且有关的化石标本也丢失了（1824年一个叫巴克兰的英国地质学家发表了一篇论文，他根据前人的描述把这种巨人的骨头命名为“采石场的大蜥蜴”，就是现在所说的斑龙。他的论文比曼特尔的简报早了不到一年——作者注）。不过无论如何，“鬣蜥的牙齿”是曼特尔自己玩出来的，是独立的发现。现在这种恐龙的中文翻译为禽龙，它的拉丁学名仍然是“鬣蜥的牙齿”。

居维叶虽然在曼特尔这件事上闹了个大笑话，但不能因此就抹杀居维叶的功绩。居维叶确实是一位很棒的博物学家、古生物学家、比较解剖学家和分类学家。不过，居维叶是个很傲慢的法国人，是上帝忠实的信徒，被人称为生物学界的独裁者。这是为什么呢？

居维叶1769年出生在法国东部一个叫蒙贝利亚尔的城市，是个神童，有超强的记忆力，据说4岁就会念书，14岁便考上大学。居维叶在巴黎植物园和拉马克一起做过教授，在巴黎博物馆

和国立自然博物馆工作过。后来又当上法兰西学院的教授、法国教育委员会主席、巴黎大学校长、内务部副大臣等等。他生活的年代正好是法国大革命、拿破仑时代和路易十八的王政时期。他还被拿破仑封为勋爵，在如此纷乱的年代他能稳坐钓鱼台，混迹于科学界、教育界和政界，本事可是不小。

居维叶的时代已经发现了大量的古生物化石，他根据现生生物和化石在解剖学上的性质建立了比较解剖学，而且玩得很神。据说只要给他一块动物的骨骼化石，根据一系列比较解剖学的判断，他就可以复原出整个动物，而且还真不是瞎忽悠，直到现在古生物学家仍然在使用这个方法。曼特尔也是运用了这个方法确定他找到的化石属于爬行动物。此外，古生物化石的分类也是居维叶首创的，他发现了不同时代化石的埋藏具有明显的区别，如越古老的化石越简单，越年轻的地层生物也越复杂。

不过居维叶是一个坚定的神创论者，他顽固地坚持物种不变的原则，他认为上帝曾经让地球发生过几次大洪水，所以造成不同的地层埋藏着不同的生物化石，他把自己的这种理论称为“灾变论”。而居维叶的灾变论如果脱离上帝那只小手的话，正好为达尔文的进化论提供了非常美妙的证据。

为啥说他是个独裁者呢？这主要是他为了推行自己的灾变论，利用自己的权势对有进化论思想的拉马克等人采取很恶劣的打压甚至人身攻击，使这个伟大的神童在科学史上留下了斑斑劣迹。尽管居维叶在人格上不是一个完美的人，甚至是值得批判的，但居维叶仍然是一个成功的玩家，他的成就是无法磨灭的。

第七章　玩出来的进化论

坚信神创论的人到现在还不断地拿达尔文和他的进化论说事，不过他们说说也好，否则女娲、普罗米修斯还有上帝的创世纪不就都没人信，成个大骗局了，毕竟人的心灵是需要抚慰的。这些事儿神学家来干最靠谱，科学家倒未必能做好。进化论虽然谈不上是最终真理，但解释某些事时还是需要的。

人到底是从哪儿冒出来的？那么多奇奇怪怪的动物，如猫和鱼是怎么来的？一句话，生命从哪里来？这个被人类追问了几千年的问题到现在也说不太明白。现在有一种说法——生命来自从太空掉到地球的氨基酸。古人不知道氨基酸，不过他们也有自己的说法。他们说啥呢？各个国家还不太一样，比如，古代的中国人相信人是盘古开天辟地以后，女娲用泥巴做的；古希腊人说天地是太阳神阿波罗造的，人是普罗米修斯造的；相信基督教的人，基本都相信人是上帝一手创造的，因为《圣经·创世纪》上说，上帝用了六天的时间，创造了人和万物，造人那段好像也和泥巴有点关系。不过，盘古、女娲和普罗米修斯还有上帝是不是也应该有个祖先啥的，他们知道用泥巴造人，但他们自己是谁，用啥造的，这事就没人问了。估计问也是白问，继续问下去就没完没了了。所以聪明人就到此为止吧，再问就只有挨揍的份儿了。

有个故事，那个写了《上帝之城》和《忏悔录》的大主教奥古斯丁，他对人类的起源也很感兴趣，不过他是通过上帝和《圣经》去研究这事。经过他的研究，他断定：人类是在6000多年前由上帝创造的。有一次他发表了演说，台下一个老太太突然问："那6000年前上帝在干啥呢？"奥古斯丁又愤怒又无奈，不过他忍了忍说："提出这个问题的人应该被送进地狱。"

不太爱玩的人有了像上帝这样的说法以后，心里也就踏实了，不再问了。可有一帮人，和奥古斯丁做报告的时候那个台下发问的老太太差不多，他们老觉得这些还是不靠谱，觉着琢磨不透：盘古、女娲、普罗米修斯，还有上帝，谁能证明这些家伙真的造过小人儿呢？要是现在的人就更要问了，他们既然这么强，能用

泥巴造小人儿，干吗当初不一块把奔驰车和 iPhone 也用泥巴捏出来呢？显然不靠谱，一个个大问号总是得不到完美的解释，于是他们便开始玩了，并且一直玩到今天。

第一个玩这个的应该是在前面说过的古希腊人泰勒斯。他觉得万物不是上帝用泥巴捏出来的，他认为万物源于水。泰勒斯以后的亚里士多德也是相信自己的眼睛胜过相信神灵的人，他认为组成万物的是土、水、气、火。显然，这些说法也不靠谱，不过泰勒斯和亚里士多德的说法和上帝的说法相比多少是有进步的，起码这些玩家不需要上帝或者盘古、女娲这些伟大的神灵来帮忙了。

后来大家发现了一种很奇怪的东西，这个东西给神学家和玩家都带来了惊喜。是什么能把这两拨人都吸引住呢？那就是前面说过的，曼特尔玩的化石。

中国古人早就发现了化石，他们断定这些石头是龙留下的骨头，所以中国古时候把化石叫龙骨，龙骨似乎还可以入药。隋唐时期（公元 5 世纪）一本叫《雷公炮炙论》的书上对龙骨是公的还是母的都有说法：“其骨细文广者是雌，骨粗文狭者是雄。”中国古人太厉害了。

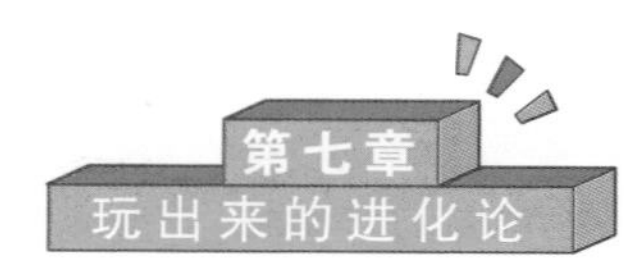

外国人也很早就发现了化石，相信上帝的人觉得这就是《圣经》里说的大洪水的最有力的证据。

《圣经·创世纪》里对大洪水的描述是这样的：在大洪水发生以前，上帝告诉诺亚造一条大船，只能带上自己的妻子、儿子和儿媳，并且把所有飞禽走兽都各带两只，带上食物，诺亚照做了，这条大船就是诺亚方舟。然后上帝让大洪水淹死了地上所有的生物，只留下诺亚方舟里的人和动物。而那些化石不就是让大洪水给淹死的动物的吗？美国有个大片《2012》，就有点《创世纪》里大洪水的意思。

对于地球上这些生物，相信神的人会觉得，它们都是神特意创造的，比如，神造猫就是为了抓耗子。这就叫做特创论，总之神就是一切，化石也不例外，而且是最好的证据。

不过还是有人不那么相信大洪水和特创论，他们认为生物是逐渐演化而来的。最早说这事儿的是泰勒斯的弟子阿那克西曼德，他说生命最初是从大海的软泥巴里产生，经过蜕变，就像昆虫的蜕变一样（昆虫会从一种样子变成另外一种样子，如蝴蝶小时候是条大虫子，长大了才变成美丽的蝴蝶），逐渐演化成各种陆地上的动物，而化石就是演化的证据。

不过由于古希腊的科学是缺乏实验证据的，基本属于一种思辨，所以和哲学更接近。古希腊关于生命起源和演化的理论只是一种哲学思辨和理性推测，正像英国科学史家丹皮尔说的那样：“像其他许多领域中一样，希腊哲学家所能做到的，只是提出问题，并对问题的解决办法进行一番思辨性的猜测。”但是古希腊的学说和特创论是对立的，他们提出的问题是需要后来的玩家继续用思辨，当然还要加上实验和演绎的方法去解决的。

关于生命的起源和演化，按说应该属于生物学家或者是古生物学家干的事。但很有趣的是，琢磨这些问题并寻找其解决方法的人，最初却不是生物学家，而是一帮爱好地理或者地质的玩家，他们为此奠定了基础，是他们的发现让我们逐渐走进了现代。

16 世纪至 17 世纪，有人在岩石里发现了很多非常微小的琥珀色化石，这些化石像一个个怪模怪样的小牙齿。它们有些是透明的，有些像牙齿一样泛着浅黄色的光亮，所以起名叫牙形石。抱着上帝创造世界想法的人就说，这些非常像牙齿的石头一定是从天上或者月亮上掉下来的，还有人说是从石头里长出来的。

这时，在欧洲大陆最北边的丹麦有一个玩家出现了，他就是被称为地层学之父的斯坦诺（Nicolaus Steno，公元 1638 年 — 公元 1686 年）。斯坦诺是个很有意思的人，他出生在丹麦，后来却一直生活在意大利；他是个医生，却又成为现代地质学的奠基人；他是个科学家，但后来成了主教。

斯坦诺大学毕业以后，他开始在阿姆斯特丹研究解剖，后来到了意大利，在帕多瓦大学当教授，可能是因为他在解剖学方面的名气被佛罗伦萨的费迪南大公看中，当上了大公的私人医生。

那时候大家都对牙形石很好奇，斯坦诺也是其中一个，于是便玩了起来。出于医学和解剖学的知识，他发现这些小化石和鲨鱼的牙齿很像，并且断定这些小牙齿就是古代鲨鱼的牙齿。不过他不太相信上面的那些说法。可牙形石是怎么钻进石头里去的呢？为此他周游了意大利，到处去观察。现在，驴友们在郊外爬山时，懂点地质学的人就会指着一片红褐色的岩石说，那是侏罗纪的海相沉积岩，说这话的老祖宗就是斯坦诺，因为他猜测，地下的岩石有很多都是经过沉积和结晶以后逐渐形成的。他是第一个认识到地壳里包含着大地演化历史的人，他说，只要细心地研究地层和化石，就可以把这部历史解读出来。这些想法写在了《论固体中自然含有的固体》里，这篇论文也成为地质学诞生的里程碑。不过斯坦诺玩着玩着不玩了，由于受到那个时代宗教思想的

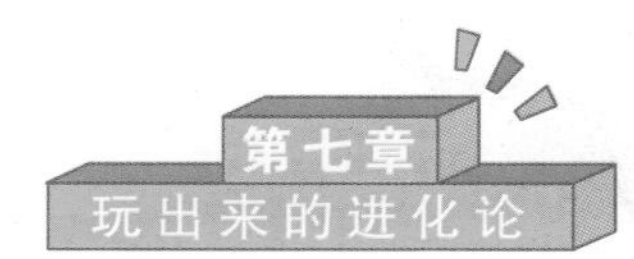

束缚，斯坦诺最终还是走上了神学的道路，放弃了科学研究。而且在教会里，他平步青云，成了一位让人尊敬的主教。

岩石是怎么形成的和生命从哪里来有啥关系呢？关系很大，知道了这些以后，玩家们发现，地球的历史比神学家说的要长，而且长了不是一星半点儿，绝不是几千年、几万年，而可能是几十万年、几千万年，最后发现是几十亿年。

自从生物演化的问题被古希腊哲学家提出来以后，由于得不到任何证据的支持，所以神学家的神创论、特创论占了上风。不过，沉寂了2000年以后，玩家们终于再次看见了曙光，在18世纪前后，生物演化的问题又被玩家们从历史的尘埃里提了出来，进化论的端倪出现了。

开始还不是生物学家在玩，而是哲学家，包括笛卡儿、康德、歌德还有黑格尔等人，他们还是从哲学思辨的角度去推测。比如，黑格尔说："变化只能归之于理念本身，因为只有理念才在进化……"太哲学了，太费解了。

为人们开启进化论研究先河的是布丰（Buffon，公元1707年—公元1788年），他是18世纪初一个法国贵族的后代，年轻时因为和别人决斗跑到了英国。在英国，布丰对当时正在兴起的实验科学和牛顿物理学产生了强烈的兴趣，于是他开始玩了。回到法国以后，他用优美的法文翻译了两本英国科学家的著作，把英国当时的科学成就介绍给了法国人。他后来被任命为皇家植物园园长，从此开始了几十年的植物学研究生涯，并且写出了 44 卷的鸿篇巨著《自然史》。他猜测，地球经历了 7 个发展阶段，生命至少在 4 万年前就出现了，虽然这个猜测并不正确，但他的说法和当时神学家说的几千年差了不少。结果他被神学家警告，说他违背了教义，布丰只好收回自己的说法。不过他不服气，继续玩，只不过是用更隐晦的方法阐述自己的观点。

第一个把进化论玩得像模像样的是拉马克（Jean Baptiste Lamarck，公元 1744 年 — 公元 1829 年），就是前面说到被居维叶打压的那个人，他倒是一个地道的动物学家。拉马克是一个法国没落贵族家的第 11 个孩子，前面 10 个兄弟姐妹都没活下来，他是唯一一个长大成人的。所以他爸爸妈妈希望他做个牧师，以保证能过上安定的日子。可这小子不喜欢神学，爸爸一去世他就跑去当了兵，当时普鲁士正和法国开战，这小子表现还特英勇，要不是得病，估计能当上法国将军。生病后他只能退役，回到巴黎后谋了个银行的差事。

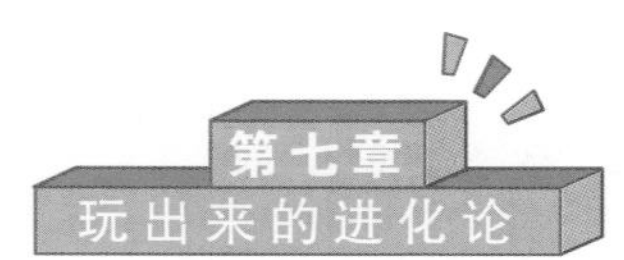

还有一个故事挺有趣。在银行上班时，拉马克很喜欢画画。有一天下班以后他跑到巴黎的皇家植物园去写生，因为他听说刚从墨西哥运来一种很好看的花——晚香玉，晚香玉的另外一个名字在中国更出名——夜来香。拉马克非常认真地画着，刚画完，突然听到一个人在称赞他的画，他慌忙站起来打了个立正。那人一看：“你是军人？”“以前是，现在不是了。”问他的这个人就是当时法国著名的大思想家卢梭（Jean-Jacques Rousseau，公元 1712 年 — 公元 1778 年）。卢梭非常欣赏这个年轻人，在他的举荐下，拉马克进入巴黎皇家植物园工作；在卢梭、植物学家朱西厄（Antoine Laurent de Jussieu，公元 1748 年 — 公元 1836 年）、布丰的栽培下，他很快也成了一个植物学家，在 34 岁那年他竟然出版了 3 卷本的《法兰西植物志》。拉马克确实是个很牛的玩家。50 岁的时候他补缺当上法国国立自然历史博物馆低等动物学讲座教授，几年后他的巨著《动物学哲学》出版。现在的脊椎动物、无脊椎动物还有生物学这几个词都是拉马克创造的。一个玩植物的一转眼成了个动物学家。

拉马克认为生物有两种倾向推动了进化，一个是自身的进化倾向，一个是自然环境的影响。自身的进化倾向就是用进废退。

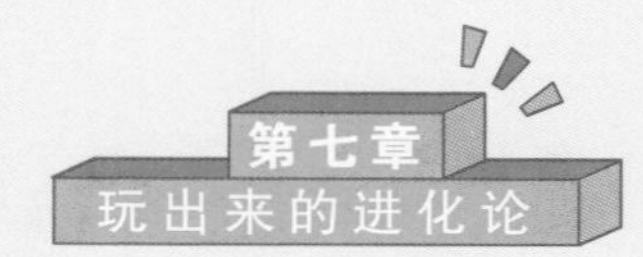

自然环境的影响叫获得性遗传。最著名的一个例子就是长颈鹿，拉马克认为长颈鹿就是因为老伸着脖子去吃高处的树叶，所以脖子越来越长。

玩家一般比较谨慎，也比较负责任，他们玩出的任何理论，如果在没找到比较确定的证据之前，是不敢胡说的。不像神学家，神学家一般比较喜欢预言，而且不一定准。就是神学家认为已经发生过的事情，如大洪水和诺亚方舟，到现在也没找到很确定的证据。玩家可不敢这样说话。

进化论的提出就是如此。达尔文（Charles Robert Darwin，公元1809年—公元1882年）是真正提出进化论的人。虽然前辈在地质学或者生物学方面都提供了大量有利于进化论的推测和论证，可他没有马上忽悠这事儿，因为他觉得还没有找到确定的证据。

达尔文从小就是一个淘气的孩子，不好好上学，成天跑到野外去捉虫子，掏鸟窝。他跟着姑父和哥哥到处去骑马打猎或者在树林里溜达，这些经历让他接触到了大自然里许多奇妙而又有趣的事情，而且这种兴趣一发不可收拾。他爸爸想让他学医，中学毕业他便来到爱丁堡大学，可这小子晕血，看不得解剖课上血淋淋的尸体，结果他还是玩去了。

在大学的博物馆他认识了博物学家罗伯特·格兰特博士，从格兰特那里他看到了拉马克等前辈的著作，由此他对生物学大感兴趣，也学到了很多生物学知识。他爸爸看这小子确实不是当医生的料，就又想让他学神学，以后做个牧师，于是把达尔文送到剑桥的三一学院。可这个淘气的家伙对神学照样不感冒，不过在剑桥他又认识了地质学家塞奇威克（Adam Sedgwick，公元

1785年—公元1873年），他还跟着这位地质学家去英国北部的北威尔士地区搞了一次地质考察，和塞奇威克一起玩又使得达尔文喜欢上了地质学。同时他读到了伟大的旅行家洪堡（Alexander von Humboldt，公元1769年 — 公元1859年）的作品《美洲旅行记》，顿时对野外旅行、探险、考察充满了好奇和期待。

好在达尔文的爸爸不差钱，要不这样的孩子长大了肯定没饭吃。可以说，达尔文是个名副其实的"啃老族"。1831年，达尔文的运气来了，一艘叫"贝格尔号"（也翻译为"小犬号"）的军舰准备去美洲进行科学考察，船长需要一位博物学家，经过塞奇威克的举荐，达尔文登上了这艘军舰，开始了他5年的艰难航行。在这次航行中达尔文是作为一个博物学家参加的，其实，说白了，船长大人就是想找个解闷

的人陪他一起玩。像房龙说的："假如达尔文不得不在兰开夏郡的工厂里干活谋生，那他在生物学上就做不出贡献。"

如果达尔文是船上的一个伙夫、水手或者是为这次探险计划绘制南美洲海岸线的地图学家，他也不会玩出进化论。正是由于他只是一个陪船长玩、给船长讲故事的博物学家，所以他可以完全按照自己心中的好奇和兴趣下船去玩。

在这次历时 5 年的航行中，达尔文看到了一个光怪陆离、丰富多彩的世界。他惊讶地看到，同一种生物由于生活地域的不同

发生了非常巨大的变化——这难道也是上帝干的？达尔文产生了怀疑：不是上帝，而是拉马克曾经说过的进化。

贝格尔号围着地球整整转了一圈，在这次航行结束23年以后，1859年11月24日达尔文的巨著《论通过自然选择的物种起源，或生存斗争中最适者生存》（简称《物种起源》）出版了，敲响了生物进化论的洪钟，震动了全世界。

为什么达尔文在23年后才出版这部著作呢？这就是前面说的，达尔文是负责任的。他回到英国以后，并没有忙着去著书立说，而是建立了一个实验场，在实验场，他亲自去做各种育种试验，以证实自己的想法。在他的这部巨著中达尔文首先用“家养状态下的变异”引出“自然状态下的变异”，以及整个进化论，为此他付出了23年的时间。如此严谨的人只有玩家。

2009年，为纪念达尔文以及这本巨著的出版，全球举行了达尔文诞辰200周年，《物种起源》发表150周年的纪念活动。

第八章　漂移的魏格纳

看了这一章大家可能会很惊讶：地质学竟然是一门如此年轻的科学。当地质科学在西方兴起的时候，另一片广大的土地上却深处在古老传统的禁锢之中，对西方的奇技淫巧毫无兴趣，可西方传来的鸦片（也叫福寿膏），却大受欢迎。

达尔文在《物种起源》发表以后，其实自己心里也是充满不安的。为什么会不安呢？首先，进化论这样一个大胆的理论，不符合上帝创造世界的观念，是对几千年传统无情的颠覆。其次，从科学的角度，即使达尔文做了几十年的调查和实验，也得出很多完全可以证明生物具有进化倾向的证据和数据，但人一生的时间太短暂，几十年的时间不足以把进化这个缓慢的过程说得很清

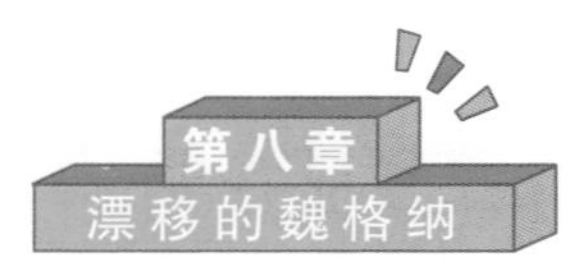

楚。达尔文自己心里很明白，进化是肯定的。但他又问自己，这样一个彻底颠覆特创论的大胆理论，却是由他这个凡夫俗子提出的，人们会相信吗？另外，尽管那时候达尔文已经不再相信上帝了，可亵渎上帝的恶名，他也实在有点承受不起。

果然《物种起源》一发表，马上就招来一片骂声。首先是神学家，不过这也是必然的，神学家要是不骂就不正常了。可让达尔文头疼的是，科学界同样也传来了反对他的声音，而且人家并非无理取闹，他们有着自己的道理。其中最让达尔文陷入困境的问题之一就是地球的年龄。在达尔文以前，已经有人通过岩石的演化尝试着推断地球的年龄，像前面说过的斯坦诺。斯坦诺在玩牙形石时发现了地底下的好多秘密——岩石是一层层堆起来以后形成的。可埋在岩层里的化石到底有多么久远，地球到底多大了、有多少岁，还是没人能说清楚。

从上帝说的几千年到后来玩家说的几十亿年，这个过程是很漫长的。要想在地球的年龄上得到支持进化论的证据，还需要玩地质的玩家给他提供更多的依据。不幸的是，达尔文的时代还做不到这一点。近代的玩家对地球历史秘密的探寻是从斯坦诺开始的，自从他提出了地球像千层饼一样是分层的，也就是地层的看法后，地质学这门学科算是正式进入了人类历史，那是17世纪的事情，当时的中国已经是清朝康熙皇帝的时代。现在，我们都相信地球的年龄是几十亿年，这么长的时间不但足够实现进化的过程，而且足以让进化重复好几遍。只是这个结论是在达尔文去世以后很多年，在20世纪20年代才被玩家们通过岩石的放射性同位素衰变规律证实，并逐渐被大家接受的。

地质学是研究地球的起源、历史和结构的科学。说得通俗点，就是研究咱们脚下的这个大球体是怎么来的，都是啥东西组成的。其实，在真正的地质学出现以前，就有人在玩了，包括好奇的农民伯伯，他们在种地、修理地球的时候就知道哪块田更肥沃，无论是白菜还是稻子，种子播到这块田里肯定会长得不错。所谓肥沃，其实就是指土地里的矿物质含量。不过他们不是地质学家，真正的地质学是从17世纪开始的。

那时的欧洲人开始大量开采煤和各种矿石，把挺好看的山、挺漂亮的草地给搬了家，甚至还挖出一个个大坑。对地球的这种破坏和糟蹋也让大家惊讶地发现，原来大地下面还有这么多好玩的东西，不仅有各式稀奇古怪的化石，还包括种类繁多、五花八门的各种岩石和矿石。这可乐坏了玩家们，地质学的玩家们兴奋地玩起来了。

被历史学家称做“地质学的英雄时代”就这样开始了，这个时代的特点是水火不相容。地质学怎么还有水火不相容的事儿呢？一个叫伍德沃德（J. Woodward，公元1655年—公元1728年）

的英国医生首先提出，地质的变迁不是别的，就是水给弄成这样的，他提出了水成论的观点。他的这个观点其实就是根据《圣经》里大洪水的说法形成的。恰巧当时有人发现在高山上会出现蚌壳、乌贼或者鱼之类的水生生物化石，这可给伍德沃德帮了大忙。他说，高山上之所以会出现鱼的化石，其实就是因为大洪水，是大洪水把这些可怜的鱼给冲上去的。可见上帝玩的大洪水有多大，把山尖都给淹没了。他写了一本书叫《地球自然历史试探》。从这个书名似乎可以看出，这个可爱的医生对自己的看法还算比较谨慎，只是试探一下而已。

伍德沃德的观点虽然是从伟大的《圣经》里找到的灵感，把造成地质变迁的最初原因归结于上帝，但对这个问题他还是认真地观察和思考了。他认为地层是受到大洪水冲击以后沉积而成的，这就是直到今天还一直被承认的地层沉积理论。如今的科学家把地球上的岩石大致分为火成岩、沉积岩和变质岩三大类，其中沉积岩和变质岩都与沉积有关。因此水成论并不完全是神学家的预言，还是有根有据的一套理论。

水有了，火在哪儿呢？

是一个英国植物学家点了一把火。这个人叫雷伊。雷伊不同

水

火

意伍德沃德的说法，他说生物的化石在地层里是按新老秩序不断叠加的，一层一层的岩石不是一次洪水可以办到的，这不符合常理。那一层层的岩石怎么堆起来才符合常理呢？雷伊认为是火山搞的鬼，一次次的火山喷发，熔岩一次次地堆积在地上形成了地层。于是火成论来了。雷伊这把火一点，一场延续了 100 多年的争论开始了。而且这两种理论看上去都有自己的道理，所以谁都说服不了谁。

除了开矿，还有件事让玩家们得到了全面了解欧洲和周边大

陆的机会，那就是拿破仑在欧洲的征战。从 18 世纪中后期到 19 世纪初的几十年里，拿破仑的军队势不可挡，穿着红色上衣，戴着高筒帽，端着滑膛枪的法国步兵们的战靴几乎踏遍了欧洲以及地中海沿岸所有的地方。拿破仑也喜欢玩，他每次出征都带着很多帮他玩的人，这其中有地质学家、生物学家、天文学家，还有画家。带画家干啥？因为那时候没照相机，画家就是拿破仑的照相机。这些科学家们在作战的同时把各个地方的地貌、地形、动植物分布等信息都记录下来，战争结束以后，这些都成了宝贵的

资料。所以在 19 世纪初法国人就可以画出非常准确、详细的地图。这给玩地质的玩家提供了极好的基础资料，起码根据地图找阿尔卑斯山比找羊倌儿问路要准确不少。

另外，发现新大陆以后，像达尔文这样的航海探险家不断出现，他们的新发现，为大家认识和了解我们生活着的这个“大球球”提供了更加丰富的资料。

开矿、拿破仑的远征军、新大陆及探险家们的新发现，让水火之争更加如火如荼地进行着，火越烧越旺。不过点火的俩人都不是地质学家，所以开始还算不上是正儿八经的理论。那这两个闹得差点要动手打起来的理论又是谁最终玩出来的呢？

水成论的确立是由 18 世纪德国地质学家维尔纳（Gottlob Werner，公元 1749 年 — 公元 1817 年）完成的。维尔纳是一个很有钱的矿主的儿子，矿主说白了就像现在山西的煤老板。维尔纳是在煤堆和各种矿石堆里长大的，从小就对岩石和各种矿物很熟悉，后来他还真的成了德国一所著名矿业学院的教授，培养了一大批学生。

维尔纳可能更加相信神创论，他继承了伍德沃德的观点。他提出一个假设，那就是整个地球都存在着一个普遍的层系，这个

第八章
漂移的魏格纳

层系就是《圣经》上说的大洪水淹没地球表面以后形成的——维尔纳最终还是跑到上帝那里去找原因。他把岩石形成的过程描述为在水中结晶、沉淀和沉积三个阶段。结晶而成的岩石里没有化石，是最原始的；沉淀形成的岩石里有少量化石；沉积形成的岩石里化石最多。他也承认火山是其中的一种力量，但不是主要的。维尔纳说的看起来十分有道理，再加上他是教授，所以他的学说得到了大多数人的认可，水成论又一次占了先机。

那火成论跑哪儿去了呢？ 18 世纪火成论的旗手是一个英国地质学家，他叫赫顿（James Hutton，公元1726年 — 公元1797年）。赫顿是个名副其实的玩家，他本来不是玩地质的，他先在爱丁堡大学学法律，然后又玩医药学、化学，后来又跑去务农。可能是务农经常要和土地和岩石打交道，从 40 多岁开始，他别的都不玩了，专门玩地质，一玩就是 30 年。赫顿不但成为火成论的旗手和代言人，还提出了地质演变的均变论学说，这个学说成为现代地质学的基础。

赫顿出生在苏格兰一个富商的家庭，他后来经营的小农场收入也不错，不差钱。除了自己的小农场，他就喜欢玩地质，他用自己辛苦挣来的银子跑遍了苏格兰的山山水水，后来又去荷兰、

第八章 漂移的魏格纳

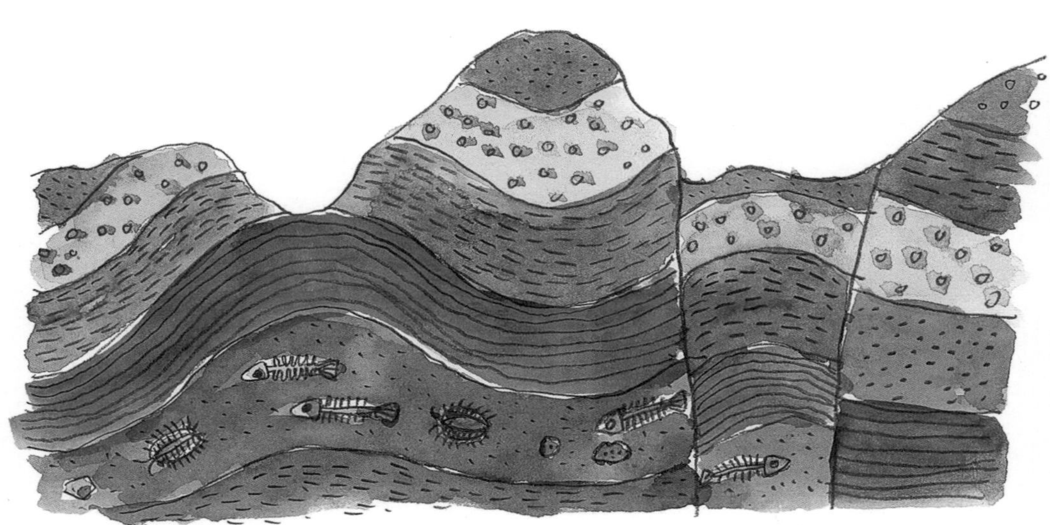

法国和比利时等地旅行和考察。在对各种岩石进行了认真的考察之后他发现，那些结晶的岩石不像维尔纳说的那样是在水里结晶的，如玄武岩和花岗岩，这些岩石明显是熔化以后冷凝而形成的。熔化只能是来自火山，大洪水显然不行，他觉得水成论有问题，不是因为水，而是因为火，是火山造就了这一切。

什么是均变论呢？维尔纳的学说把地球看成是静止的、永恒的，一切都源于大洪水。可赫顿是个玩家，他不信邪。水成论是从神那里得到启示，地质变化是由于神的力量，也就是超自然的力量。但赫顿要让静止的地球动起来，他认为动起来的力量不是来自神，而是来自自然本身。赫顿继承了雷伊的火成论，并通过自己长时间认真仔细的观察，发现地层由于地球的内力作用，一些地方会抬升起来，一些地方可能会下降，这些变化非常缓慢地，却是持续不断地在进行着。赫顿有一句至理名言：“现在是通往过去的钥匙。”他认为地层的变化，包括维尔纳说的结晶、沉淀、沉积过程，还有化石的形成等，此时此刻仍正在我们的脚底下发生着。

1785 年他的《地质学理论》出版，在这本书里他阐述了造成地质变化的主要动力是地球内部的热量，同时还提出了地质变化

是非常缓慢的均变论观点。

不过无论如何，水成论还是比较迎合当时人们都在念的《圣经》，因为那上面说过大洪水的事儿，所以相信水成论的占多数，相信火成论的人并不多。直到 19 世纪初，还是水成论占优势——1809 年英国成立了皇家地质学会，其中 13 个会员里只有 1 个是赞成火成论的。

不过又过了不到 20 年，情况变了。首先是塞奇威克，他就是达尔文在剑桥时认识，并且跟着人家去威尔士搞地质考察的那个地质学家。另外还有一个地质学家叫默奇森。他们本来都是赞成水成论的大地质学家，可他们叛变了，站到火成论一边来了。这是为啥呢？原来，他们在考察了英国的地质情况之后发现，水成论确实不太靠谱，很多事情解释不了，而火成论可以。这两个著名地质学家的叛变，顿时让水成论陷入了危机。

还有一个水成论的“叛徒”，他不但背叛了水成论，而且还一下子成为近代地质学的开山鼻祖。这个人就是查理斯·赖尔（Charles Lyell，公元 1797 年 — 公元 1875 年），达尔文的终身挚友。

赖尔是个律师，但是他更喜欢玩地质，所以作为地质学家的他比作为律师的他出名多了。赖尔曾经也是一个水成论的拥护者，牛津大学的一个地质学教授巴克兰曾经带着赖尔多次去野外搞地质调查。当赖尔接触了赫顿的火成论和均变论以后，他的态度发生了改变，并且在后来的实地考察中逐渐接受了赫顿的均变理论。1828 年他跑到意大利的西西里岛，对那里著名的埃特纳火山进行了考察，这次考察让他更加相信改变自然的力量是来自多方面的，并且是缓慢变化的，并非一次或者几次大洪水可以造就。几乎在同一时间他又看到了拉马克关于生物的进化学说，几年以后，一

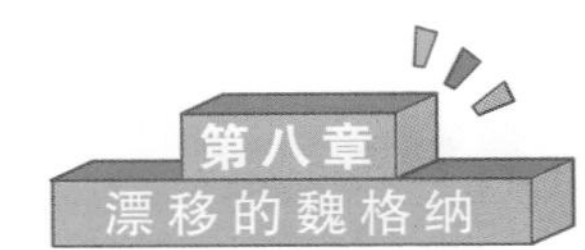

部地质学的巨著《地质学原理》出版了。《地质学原理》共3卷，赖尔用非常优美的语言和严谨的逻辑，把各种地质现象都归纳入均变论的体系里。这本书的出版让地质渐变的思想彻底从这个论那个论中解放出来，成为现代地质学研究的开山之作。

达尔文在“贝格尔号”上5年漫长的旅途中，一直带着赖尔的这部著作，并且随时都在阅读。而几十年以后，正是在赖尔一再的催促下，达尔文才最后下决心出版了他的旷世巨著《物种起源》。如今赖尔和达尔文一起都安息在了伦敦著名的西敏寺。

18世纪至19世纪，人们对脚底下这个“大球球”的认识越来越清楚，地理学家已经可以画出非常准确的世界地图。当一幅世界地图展现在大家面前的时候，你会发现，地球上的大陆被浩瀚的大海分割成许多块儿，各个大陆就像漂在大海上的几片树叶。这引起很多玩家无限的兴趣和想象：大地为什么会是这样的呢？于是关于海陆起源、大陆漂移和板块学说的研究逐渐进入了玩家们的视线。

这其中有一位玩家是值得我们铭记的，他就是德国著名地质学家魏格纳(Alfred Lothar Wegener，公元1880年 — 公元1930年)。魏格纳从小就喜欢探险，他早就想去北极，可被老爹阻止，只能老老实实去上学。他学的是气象学，1905 年得到博士学位。当了博士后他便开始去实现儿时的梦想：他先跟弟弟一起玩高空气球，在天上飘了 52 小时，那时候没有吉尼斯，不然肯定创纪录；然后他又参加探险队去格陵兰岛，魏格纳被那里缓慢移动着的巨大冰山震撼了。

让魏格纳成名的却是一件很偶然的事——看世界地图开始的。有一天，魏格纳看着墙上的一张世界地图，估计是在研究气象学中的什么问题。他惊奇地发现，在大西洋的两岸，北部的欧洲大陆和南部的非洲大陆，与大西洋对面南北美洲大陆的轮廓边缘似乎是可以接起来的，尤其是中南美洲的东岸和非洲西岸，简直就像拼图一样，几乎可以严丝合缝地拼起来。这引起了他极大的好奇，他又在一些古生物学的书籍中看到，出现在欧洲、非洲和美洲的古生物也具有很大的相似性。难道这几块大陆以前是连着的？这又让他想起在格陵兰看到的巨大冰山——那些冰山缓慢地，但真的是在一点点地移动着。陆地是不是也会移动呢？就这样，一个让魏格纳玩了 20 年，直到让他为证实自己的理论，在考察途中死在格林兰寒冷冰原上的伟大事业——大陆漂移理论出现了。

第八章
漂移的魏格纳

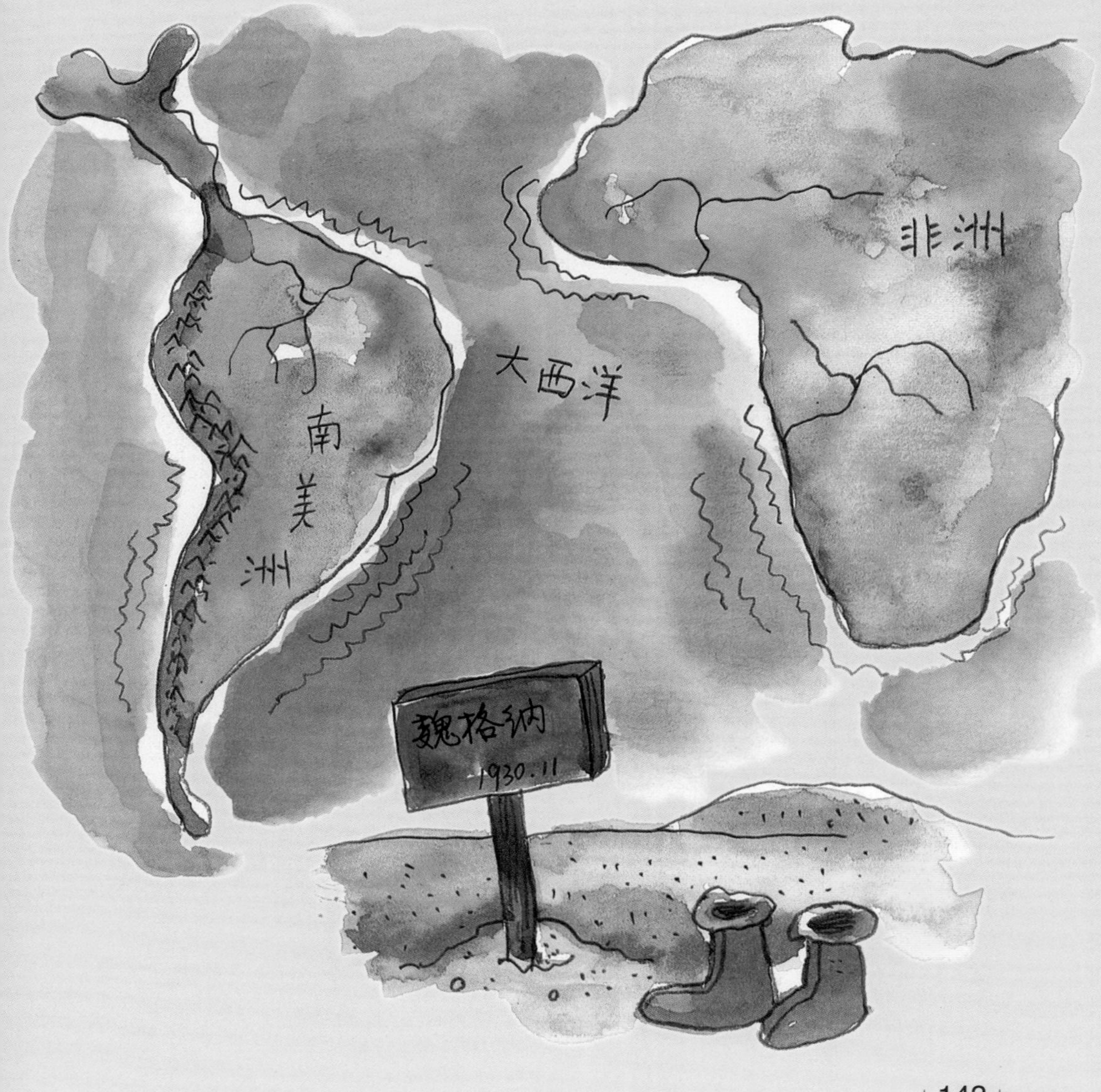

在后来的20年里，魏格纳对大陆漂移理论做了深入的研究，他从古生物学、地质学以及古气候学等方面收集了大量的证据。1915年《海陆起源》出版了。在这本书里魏格纳阐述了漂移的证据，提出了大陆漂移理论。他说："任何人观察南大西洋的两对岸，一定会被巴西与非洲间海岸线轮廓的相似性所吸引住"，"这个现象是关于地壳性质及其内部运动的一个新见解的出发点，这种新见解就叫做大陆漂移说，或简称漂移说。"

魏格纳的理论马上引起了全世界的轰动。不过，魏格纳自己也有一点困惑，那就是漂移的动力来自哪里呢？谁有这么大的力气把地壳拖着满处跑呢？这个困惑也是当时所有其他地质学家用来攻击魏格纳的证据。1926年在美国召开了一次由14位著名地质学家参加的关于大陆漂移理论的讨论会，大家为此争论不休，最后不得不用投票的方式，结果，其中只有5位地质学家赞成这个理论，其他人都投了反对票和弃权票。

玩家是世界上最顽强的人，从不屈服！为了证实自己的理论，魏格纳再次踏上了征途，他又两次来到格陵兰。他发现，格陵兰至今还有漂移运动，并且测定出每年的漂移速度是1米。1930年11月2日，魏格纳第四次踏上了格陵兰岛，可这次他太累了，由

于疲劳过度，他倒在了格陵兰寒冷的冰原上，再也没有站起来。直到第二年的 4 月，搜索队才发现了他的遗体。一个地质事业的坚定玩家就这样去世了。

又过了大约 30 年，地球科学有了更长足的进步，人们找到了大陆漂移的动力——地幔内部的热对流。热对流不但有足够大

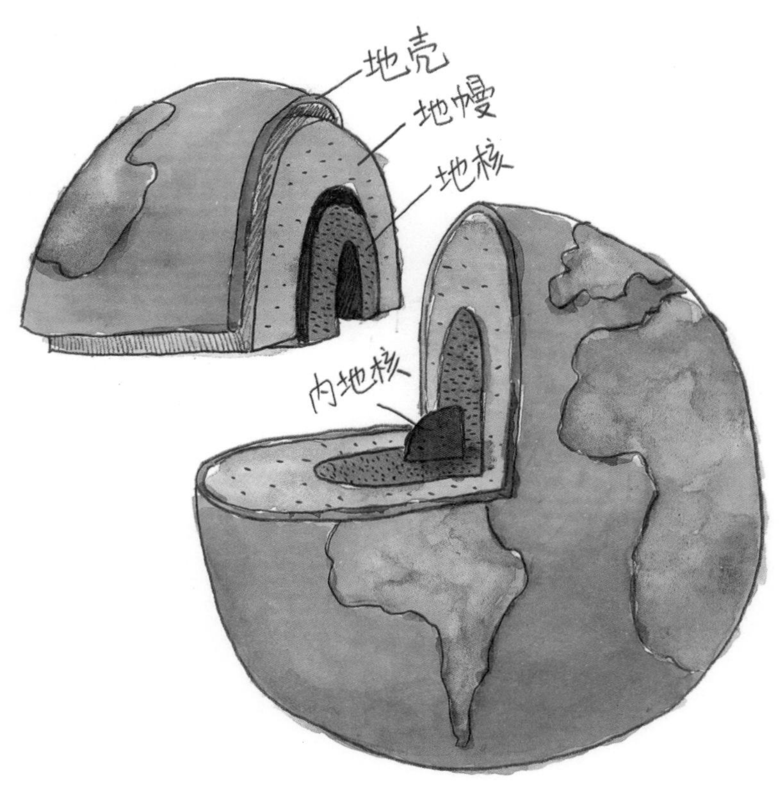

的力气拖着陆地满处跑，产生漂移，同时还产生了大陆板块。

中国有句老话，叫上知天文，下知地理。听起来地质学似乎是一门很古老的科学，可是看完这一章，大家可能才发现，地质学却是一门如此年轻的科学。从斯坦诺玩牙形石开始，到现在也不过 300 多年，而在这段不是很长的时间里，却有着如此众多的玩家在对我们脚底下的“大球球”进行着艰难的探索。